Entre Terre et Ciel.

Une éthique pour l'odyssée de l'espace

Jacques Arnould

Entre Terre et Ciel.

Une éthique pour l'odyssée de l'espace

Jacques Arnould

FRANCE

2020

978-1-925438-45-1   soft
978-1-925438-46-8   hard
978-1-925438-47-5   epub
978-1-925438-48-2   pdf

Cover design: Myf Cadwallader
Layout by Extel Solutions
Text: Minion Pro size 10 &11

FRANCE

www.atffrance.com
ATF France est une empreinte de ATF (Australia) Ltd
PO Box 504
Hindmarsh, SA 5007
Australie
ABN 90 116 359 963
www.atfpress.com
nouveaux horizons

« L'homme doit s'élever au-dessus de la Terre - aux limites de l'atmosphère et au-delà - ainsi seulement pourra-t-il comprendre tout à fait le monde dans lequel il vit. »

Socrate.

« Deux choses remplissent le cœur d'une admiration et d'une vénération toujours nouvelles et toujours croissantes, à mesure que la réflexion s'y attache et s'y applique : le ciel étoilé au-dessus de moi et la loi morale en moi. »

Emmanuel Kant, *Critique de la raison pratique*.

Introduction. L'espace et l'éthique sont indissociables

« Pourquoi l'éthique devrait-elle préoccuper particulièrement les agences spatiales et les industries ? Bien sûr, le comportement éthique devrait être une préoccupation majeure pour nous tous dans toutes les professions, mais en raison de la nature particulière des activités spatiales - leurs dépenses, leur danger, leur visibilité publique, leurs défis et leurs opportunités uniques – l'espace et la réflexion éthique doivent aller de pair[1]. »

Il faut prendre au sérieux ce que Jim Dator dit de la nécessité d'associer l'espace et l'éthique. Lorsque nous nous sommes rencontrés à Valparaiso en 2000, durant la session d'été de l'International Space University (ISU), il proposait à ses étudiants de réfléchir aux questions éthiques que peut poser l'exploration de l'espace : je me souviens qu'il les interrogeait sur l'opportunité d'informer les astronautes d'une navette spatiale au cas où une catastrophe majeure les menacerait, une catastrophe dont seul le contrôle terrestre aurait eu connaissance. L'accident de la navette Columbia a eu lieu deux ans et demi plus tard. Le professeur Dator m'a ensuite associé à cet enseignement : sous diverses formes, j'ai proposé à mon tour de sensibiliser les étudiants de l'ISU aux enjeux éthiques des activités spatiales, au cours des sessions d'été ou des enseignements de master. J'ai eu et je continue à avoir l'occasion d'intervenir sur le même sujet dans d'autres lieux académiques (universités, écoles d'ingénieurs), en France et en dehors de France.

Mon expérience n'est pas celle de Jim Dator : cet enseignant et chercheur de l'université d'Hawaï a développé une réflexion extrêmement poussée dans le champ des relations entre l'espace et les sociétés humaines, à partir de son expertise qui porte sur le futur social et politique de nos sociétés, sur les utopies ou encore sur le rôle des médias. J'ai pour ma part acquis une compétence et une expérience plus pratiques au sein du Centre national d'études spatiales (CNES), l'agence spatiale française, où j'occupe depuis 2001 le poste d'expert éthique ; c'est cette expérience dont je fais part aux étudiants et aux publics auxquels je m'adresse.

Je cherche à leur montrer comment, loin d'être inutile ou même gênante pour les activités spatiales, l'éthique peut au contraire leur fournir un soutien aussi bien comme démarche d'intelligence collective au sein des communautés d'acteurs spatiaux que d'information auprès des citoyens de nos pays qui restent aujourd'hui encore (et sans ignorer l'émergence du NewSpace) les principaux contributeurs aux activités spatiales. Je cherche aussi à leur montrer comment l'espace offre à l'humanité de singulières occasions pour s'interroger sur elle-même, sur ses inspirations, ses attentes, ses craintes. Grâce à l'espace, notre humanité continue à grandir. Voilà qui mérite toute notre attention.

Chapitre 1 :
Espaces multiples

La poudre noire est probablement l'une des inventions chinoises les plus célèbres, avec le sismographe, la boussole ou encore l'imprimerie : elle a été utilisée pour la première fois en 919 comme agent détonnant et en 970 comme agent propulsif. Au XVIe siècle, lorsque le mandarin Wang Hou imagine d'y recourir pour décoller du sol, il ne possède pas de solution technique satisfaisante pour allumer simultanément les 47 fusées de sa machine volante, dotée également de deux cerfs-volants. Il fait donc appel à 47 esclaves, chargés d'enflammer chacun une fusée. L'un d'entre eux met malencontreusement le feu à la machine volante de Wang Hou : le mandarin meurt brûlé et, au lieu de rejoindre effectivement le ciel, entre dans la légende de l'exploration de l'espace. Les ingénieurs et les dignitaires chinois qui, en novembre 1999, procèdent au lancement du premier vaisseau habitable chinois depuis le désert de Gobi connaissent l'histoire de leur lointain précurseur ; ils savent aussi que, dans la course à l'espace,

ils ont été précédés par d'autres nations : les premiers
« fils du Ciel » de l'époque moderne ne sont pas les
descendants des empereurs de Chine, mais sont tous
nés en Occident, qu'ils soient russes ou américains.

Il faut prendre la mesure de ce simple constat historique : nous ne pouvons pas nous interroger sur
les raisons d'être, les motivations et les conditions
de nos entreprises d'exploration et d'utilisation de
l'espace sans tenir compte de la diversité des modes
d'appréhension, de compréhension, de représentation du ciel, véhiculés par nos cultures, d'hier et
d'aujourd'hui. Il n'y a pas un seul espace, mais plusieurs.

Ciel sacré

Une chose est certaine : pas une seule des cultures
humaines n'a ignoré, n'ignore aujourd'hui la voûte
céleste. L'archéoastronomie en trouve des traces
parmi les premiers vestiges humains, aux parois
des cavernes préhistoriques ou sur des objets taillés,
gravés. Les représentations de la Lune ou des Pléiades dans la grotte de Lascaux en France sont vieilles
de plus de 15 000 ans. Le disque de Nebra, décou-
vert en Saxe allemande à la fin du XXe siècle, fait de
bronze et d'or, daterait de 1600 av. J.-C. : il représente
la Lune, le Soleil et probablement les Pléiades…

Faut-il rechercher plus tôt encore les racines d'un
tel intérêt, autrement dit dans le terroir biologique
et animal d'où notre espèce a émergé ? Le hurlement
nocturne du loup a donné naissance à nombreuses
légendes ; l'explication est pourtant simple : en

relevant la tête, l'animal augmente la puissance et la diffusion de sa vocalisation ; la présence de la Lune n'y est probablement pour rien. Faut-il pour autant nier l'effet des variations lumineuses et donc célestes sur les êtres les plus « simples », dès lors qu'ils possèdent quelque capteur photosensible ? Qui nous dit que certains de nos cousins primates ne lèvent pas eux aussi les yeux vers le ciel pour jouir de sa lumineuse mais froide beauté, pour laisser creuser dans leur conscience animale la présence d'un ailleurs, d'un autre monde, d'autres êtres, semblables ou différents d'eux ? Laissons cette question aux biologistes et aux éthologues en tous genres ; il nous suffit ici de constater que le ciel a toujours fasciné les humains.

J'utilise le mot de fascination pour désigner le double mouvement d'attrait et de rejet, le double sentiment de bonheur et d'angoisse, de paix et d'effroi que l'esprit humain peut éprouver au spectacle de la voûte céleste. C'est le sentiment qu'éprouvaient les Égyptiens lorsqu'ils se représentaient la déesse Nout, dont le corps constellé d'étoiles est arqué au-dessus de la Terre, dont le rire provoque le tonnerre et les larmes la pluie. Chaque soir, la déesse avale le soleil pour lui redonner naissance chaque matin. Ainsi Nout est-elle la protectrice des vivants et des morts : la tradition égyptienne la compare à la truie qui dévore ses propres petits. Pouvons-nous aujourd'hui prétendre ne plus subir pareille fascination, parce que nous possédons les moyens d'observer les recoins les plus éloignés de notre univers, parce que des humains ont foulé de leurs bottes le sol lunaire ? Il suffit de l'annonce d'une éclipse solaire ou de l'information *a posteriori* du passage d'un astéroïde au voisinage de notre planète pour que les attentes et les peurs les plus ancestrales se réveillent dans nos esprits scientifiques, rationalistes . . . et religieux. Emmanuel Kant a donc raison d'évoquer la vénération suscitée par la vue du ciel étoilé : aux yeux des humains, le ciel possède tous les attributs du sacré.

Cosmos interdit

Au sacré sont associées les idées de sacralisation, d'interdiction et, par opposition, de transgression, de profanation ; le ciel ne leur a pas échappé. Mais, plus encore que les religions, c'est sans doute Aristote qui a fixé les frontières les plus solides, les plus infranchissables entre la terre et le ciel (je laisse de côté l'enfer). Que la terre occupe le centre de la réalité relève de l'expérience la plus commune : le soleil « se lève » et « se couche » en passant au-dessus de nos têtes ; les astres tracent des sillons dont le centre se confond apparemment avec notre propre Terre. En l'absence de toute autre donnée ou de toute autre contrainte, comment penser et défendre une idée différente du géocentrisme ? Celui d'Aristote qui a longtemps dominé la pensée et les cultures en Occident est associé à un strict dualisme.

Si la Terre occupe le centre du monde, en est l'*omphalos*, le nombril, il n'est pas pour autant un sommet, un emplacement qui confère à celui qui l'occupe la noblesse et le prestige. Il est plutôt un cloaque, le lieu où sont réunies toutes les impuretés du monde et, parmi elles, l'espèce humaine qui ne se plaît que dans la fange, le chaos et la guerre. Si le Soleil tourne sur sa sphère de cristal à l'instar d'un gigantesque projecteur chargé d'éclairer la scène terrestre, c'est pour que la divinité, Créateur tout puissant ou Grand Architecte, ne perde pas un détail, pas un instant de l'humaine comédie. À moins que ces sphères qui portent aussi les planètes soient chargées de cacher au regard des êtres célestes les souillures et les vices qui s'accumulent sur Terre. De cette antique organisation du monde, de cette opposition entre le cosmos (le mot grec désigne une « belle totalité ordonnée ») et la Terre telle qu'Aristote l'a élaborée puis la tradition philosophique et théologique défendue jusqu'à l'aube des temps modernes, il convient de ne chercher à exclure aucune des deux interprétations. Apparemment opposées l'une à l'autre, elles ont pourtant coexisté, survécu dans les cultures occidentales, au gré des traditions et des humeurs des Terriens jusqu'au début du XVIIe siècle.

Cette compréhension ou plutôt cette interprétation cosmique du ciel a pour conséquence d'en interdire l'accès aux humains : pour eux, il n'est pas question de rejoindre les sphères célestes, du moins avec leur corps ou durant leur existence terrestre ; seuls les plus sages, les plus saints, les plus spirituels d'entre eux peuvent espérer y parvenir au terme d'une existence parfaite, ascétique, bref quasiment angélique. L'interdiction est tellement efficace qu'elle s'impose même à l'imaginaire occidental : les œuvres littéraires relatant le voyage (corporel) d'un être humain dans le ciel sont tellement rares qu'elles ont valeur d'exceptions qui confirment la règle.

Ailleurs, dans d'autres cultures, si l'influence d'Aristote est absente, les rêves de rejoindre la Lune ne paraissent pas avoir souvent hanté les nuits et les imaginaires. Il y est volontiers question d'êtres célestes, divins qui peuplent le ciel et les astres ou visitent la terre, mais pas d'humains embarqués dans de célestes expéditions. Le ciel n'est pas toujours interdit, mais il reste néanmoins inaccessible.

L'échelle céleste

Allégorie de l'ascension spirituelle, l'échelle céleste apparaît dans l'art chrétien d'Occident dès le IVe siècle et se développe, tout en se renouvelant, au cours du Moyen Âge. Si elle exprime un fervent désir du ciel, elle transmet aussi des éléments fondamentaux de la pensée religieuse médiévale. Le monde est créé par Dieu, selon un processus dualiste de séparation entre le ciel et la terre ; à la chute morale des êtres humains (ce qui est appelé le péché) correspond le salut offert par le Christ « descendu du ciel » pour que les croyants puissent y retourner ; ce retour est une progression spirituelle par degrés.

La leçon de l'échelle céleste est paradoxale : le chemin de l'élévation est aussi celui de l'abaissement ; la montée par la contemplation est aussi la descente par la compassion, la charité. S'ajoute l'idée que la sainteté n'est pas un état donné d'emblée à la naissance, mais qu'elle est la conséquence d'une vie de recherche personnelle, nous pourrions dire d'exploration !

L'espace des hommes

En 1543, meurt Nicolas Copernic. L'histoire raconte qu'il a reçu, sur son lit de mort, l'ouvrage dans lequel il défend la thèse de l'héliocentrisme : le Soleil, et non la Terre, occuperait le centre du monde. En réalité, avant l'ecclésiastique polonais, d'autres penseurs ont élaboré et enseigné des cosmologies héliocentriques : Philolaos de Crotone, au Ve siècle avant notre ère, Héraclide du Pont au milieu du IVe et Aristarque de Samos peu de temps après lui ont défendu, mais en vain, une vision héliocentrique du cosmos. Les astronomies indienne et musulmane véhiculent également l'héliocentrisme. Dans l'Occident médiéval, après Jean Buridan et Nicole Oresme, le cardinal Nicolas de Cues met aussi en question le géocentrisme dominant. « Pourquoi hésiterions-nous plus longtemps, écrit-il, à lui attribuer [à la Terre] une mobilité s'accordant par sa nature avec sa forme, plutôt qu'à ébranler le monde entier dont on ignore et ne peut connaître les limites ? » Et dans son ouvrage *De la docte ignorance*, publié en 1440, il ose affirmer : « La vie, telle qu'elle existe ici-bas sur Terre sous forme d'hommes, d'animaux et de plantes, supposons qu'elle existe, sous une forme plus élevée, dans les régions solaires et stellaires[2]. » Soixante ans plus tard, Léonard de Vinci émet l'hypothèse que la Terre serait un astre de même nature que la Lune. Et Giordano Bruno, avant de mourir sur le bûcher à Rome en 1600, parle de mondes et de terres en nombre infini. Pourtant, lorsqu'au début de l'année 1610 Galilée publie dans le *Sidereus Nuncius, Le Messager céleste*, les résultats de ses observations menées durant le même hiver à Padoue à l'aide d'une lunette de sa fabrication, il fait véritablement œuvre de révolutionnaire.

Ses observations (la Lune n'est pas lisse et polie, mais aussi accidentée et rugueuse que la Terre ; Jupiter est accompagnée de trois, puis de quatre satellites) lui font comprendre que le monde, qu'il soit terrestre ou céleste, est partout composé de la même matière, partout régi par les mêmes lois. Le monde n'est pas divisé en une Terre et un cosmos ; le monde est unique, composé de mêmes matières, dirigé par les mêmes lois ; le monde est un univers. Plus rien ne justifie alors que la Terre, notre Terre, en occupe le centre : elle est une planète parmi d'autres, elle tourne avec elles et comme elles autour du Soleil.

À Prague, où il occupe le poste de mathématicien impérial à la cour de Rodolphe II, Johannes Kepler confirme les observations et les conclusions de Galilée : les antiques sphères de cristal sont brisées ; le monde est un univers dénué de toute frontière et de toute clôture, de tout centre aussi, de toute circonférence enfin car il apparaît comme infini. Aucune position, aucun lieu n'accorde à celui qui l'occupe prééminence ou déchéance. L'humanité n'a plus qu'à digérer son humiliation ou à se réjouir de sa réhabilitation. Lorsqu'il rédige une lettre de soutien au *Messager céleste* et aux idées émises par Galilée, Kepler ne se contente pas défendre les thèses de son collègue italien : en réalité, il rédige « l'acte de conception » de l'astronautique, autrement dit des voyages dans l'espace. Car, il en est convaincu, « il ne manquera certainement pas de pionniers quand nous aurons maîtrisé l'art de vol. » Le siècle qui s'est achevé dix ans plus tôt a été celui de la découverte, de l'exploration et du début de la colonisation des Amériques ; le premier tour du monde a été accompli quatre-vingt dix ans plus tôt. Alors, Kepler ne doute pas un instant que la perspective d'un autre Nouveau Monde, céleste cette fois, suscitera bientôt un élan semblable parmi les plus audacieux des humains. Aussi la comparaison avec la maîtrise de la navigation et les exploits des marins européens s'impose à l'astronome : « Qui avait pu penser que la navigation à travers le vaste océan se révélerait moins dangereuse et plus tranquille que celle dans les golfes, proches mais menaçants, de l'Adriatique, de la Baltique ou de l'Asie ? » Et Kepler poursuit : « Créons des navires et des voiliers appropriés à l'éther céleste et beaucoup de ne seront pas effrayés par ces immensités vides.. » Il paraît tout de même avoir un doute sur le délai nécessaire à construire les premiers vaisseaux de l'espace ; alors, avec un réel bon sens, il préfère ajouter : « Entretemps, nous préparerons, pour ces courageux voyageurs des cieux, les cartes des corps célestes – moi celles de la Lune et vous, Galilée, celles de Jupiter[3]. » S'appuyant résolument sur les observations de son collègue de Padoue et sur leurs communes conclusions, enthousiasmé par la pensée que l'humanité pourrait un jour échapper à sa prison terrestre, Kepler est donc convaincu que, désormais, rien ne sera ni trop haut, ni trop loin, pour que l'humain ne décide et n'entreprenne de le rejoindre. Confiant aux ingénieurs la tâche d'inventer la navigation vers les astres, l'astronome préfère se consacrer à l'élaboration des cartes dont pourront se munir les premiers explorateurs et navigateurs du ciel : ce travail de cartographie lui paraît indispensable afin de deviner, de découvrir, même de loin, les mondes et les îles, les écueils et les récifs que les *conquistadors* de l'espace rencontreront au cours de leur navigation. Ces cartes doivent même susciter l'envie, nourrir l'audace de partir explorer ces mondes encore inconnus. Kepler qui, pour gagner sa vie, pratique l'astrologie en paraît convaincu : le temps où les humains, punis par quelque puissance céleste de demeurer emprisonnés sur Terre, se contentent de lire leur destin dans le ciel sera bientôt terminé ; demain, s'enthousiasme-t-il, l'humanité ira elle-même inscrire sa destinée au milieu des étoiles ! Le ciel n'est plus le seul domaine des anges et des dieux ; le ciel peut devenir l'espace des hommes.

Du rêve à la réalité

La révolution déclenchée par Galilée et Kepler n'a seulement touché le monde des sciences ; elle n'a pas seulement annoncé les techniques astronautiques qui verront le jour trois siècles et demi plus tard ; elle a aussi libéré les imaginations : le voyage vers la Lune, vers les étoiles devient le thème de nombreuses œuvres de la littérature et la culture occidentale. Avant même de rédiger sa réponse à Galilée, sa *Conversation avec le Messager céleste*, Kepler lui-même a écrit une fiction, intitulée *Somnium, seu opus posthumum de astronomia*, autrement dit *Le Songe ou l'Astronomie lunaire* : il évoque un voyage sur une île mystérieuse, Levania, autrement dit la Lune. Toutefois, il y est davantage question de sorcellerie, de pouvoir des esprits, d'influence démoniaque que d'astronomie et d'astronautique . . .

Francis Godwin est volontiers considéré comme le premier des auteurs modernes à avoir imaginé un voyage sur la Lune : en 1638, il partage dans *The Man in the Moon* sa vision d'une nature lunaire enchanteresse et d'une humanité plus réussie que la nôtre. Vingt ans plus tard, Cyrano de Bergerac présente *Les États et Empires de la Lune* (1657) puis *Les États et Empires du Soleil* (1662). En 1765, Marie-Anne de Roumier publie les sept volumes des *Voyages de Milord Céton dans les sept planètes* qui racontent une véritable épopée astronomique ; en 1835, c'est au tour d'Edgar Poe d'expédier *Hans Pfaal* dans la Lune à l'aide d'une nacelle.

Le XIXe siècle marque la fin de l'exploration systématique du globe terrestre menée par l'Occident depuis la fin du XVe siècle ; il ne reste plus aux Terriens que le ciel pour assouvir leur curiosité, leur soif d'explorer. D'un exercice littéraire, le voyage spatial devient alors un projet scientifique ; la lunette astronomique, née avec le XVIIe siècle, est promue au rang de véhicule : grâce à elle et parfois avec une bonne dose d'imagination, les astronomes scrutent la Lune, les planètes et les étoiles. Dans la veine de la *Conversation* de Kepler, ils se chargent de mettre au point une cartographie de la surface de Mars aussi précise que celle des cartes terrestres . . . du moins le prétendent-ils. Angelo Secchi, Giovanni Schiaparelli et Percival Lowell dessinent même d'extraordinaires réseaux de canaux à la surface de la planète rouge : l'imagination n'épargne pas la science, à ses risques et périls. Ce XIXe siècle est fascinant : il accueille avec le même enthousiasme les *Voyages extraordinaires* de Jules Verne et les publications de Camille Flammarion. Dans la *Pluralité des mondes habités*, l'astronome et vulgarisateur français affirme que « la Terre n'a aucune prééminence marquée dans le système solaire de manière à être le seul monde habité, et que, astronomiquement parlant, les autres mondes sont disposés aussi bien qu'elle au séjour de la vie » ; et, en bon héritier de Kepler, Flammarion associe l'astronomie à l'invitation astronautique. Pour autant, le voyage réel dans l'espace reste encore une fiction.

Il est inutile de le préciser : le XXe siècle ne manque ni d'imagination ni d'auteurs. De Herbert G. Wells (*La Guerre des mondes* en 1898, *Les Premiers Hommes sur la Lune* en 1901) à Arthur C. Clarke (*2001, Odyssée de l'espace* en 1968), la veine littéraire de l'imaginaire spatial est largement exploitée. Wells est même considéré comme l'inventeur de la science-fiction moderne : grâce à lui, des « merveilles scientifiques » comme le chronoscaphe, le transmuteur de matière ou encore l'hyperespace tombent dans le domaine public. De son côté, Clarke, après avoir publié de fameux articles de technologie spatiale, devient l'un des maîtres de la science-fiction de la seconde moitié du XXe siècle. De nombreux domaines de la création culturelle et artistique se tournent vers l'espace : aux ressources de la littérature et de la peinture s'ajoutent désormais celles du cinéma, inauguré en 1902 en grandes pompes par Georges Méliès et son film *Voyage dans la Lune*. Jusqu'au milieu du XXe siècle, le ciel, qui, en Occident, a progressivement perdu son caractère religieux, est ainsi demeuré le champ ou le motif d'un puissant travail d'imagination.

Le 4 octobre 1957, a lieu un événement majeur pour l'aventure spatiale. Désormais, celle-ci ne relève plus des seuls fruits de l'imagination ou de la recherche astronomique : avec le lancement du premier Spoutnik, elle entre dans l'ère de la réalisation technique, dans l'ère de la conquête spatiale effective. Cet événement a une portée considérable que « rien, pas même la fission de l'atome, ne saurait éclipser », écrit la philosophe Hannah Arendt dans son ouvrage *Condition de l'homme moderne*[4], avant de citer le mot de l'un des fondateurs de l'astronautique moderne, Konstantin Tsiolkovski : « La Terre est le berceau de l'Humanité ; mais nul ne peut éternellement rester au berceau[5]. » Le voyage cosmique, auquel la tradition de l'Occident s'était préparée en imagination depuis 1610, est devenu une réalité sinon immédiate, du moins envisageable : l'être humain peut désormais se prévaloir du titre de citoyen du cosmos, d'enfant des étoiles, de « *Spatiopithecus* ». Pourtant, l'imaginaire ne déserte pas le monde de l'espace : dans son livre *Space and the American Imagination*, Howard McCurdy montre comment les auteurs et les promoteurs du programme spatial des États-Unis se sont appuyés sur des acteurs culturels aussi importants que Walt Disney pour susciter l'intérêt et le soutien de l'opinion publique américaine et de son imaginaire[6]. Loin d'être une exception américaine, ce lien entre le rêve et la réalité en matière spatiale se retrouve dans d'autres pays, dans d'autres cultures. Pour seul exemple, voici celui du Japon : l'intérêt pour les missions lunaires est volontiers expliqué par la place occupée dans la culture par l'histoire de Kaguya, la « radieuse princesse des bambous ». « Tombée » de la Lune, recueillie par un pauvre coupeur de bambous, elle cherche à échapper à ses prétendants subjugués par sa beauté afin de retourner sur sa planète natale . . .

D'autres univers ?

L'espace a aujourd'hui encore besoin des ressources de l'imaginaire afin de soutenir non seulement la recherche scientifique et l'innovation technologique, mais aussi la réflexion éthique. Je le répète : celle-ci ne doit pas se contenter de juger le passé, ni d'examiner le présent des actes humains. Les comités d'éthique ne doivent pas se substituer aux tribunaux de l'histoire ; ils doivent plutôt se tourner vers l'avenir et donc recourir aux capacités de l'imagination. Les comportements humains de demain se préparent ou devraient se préparer dès aujourd'hui.

Associer une dimension prospective à l'éthique peut paraître étonnant ; il y a quelques années, le président du Comité consultatif national d'éthique français (CCNE) a été surpris lorsque je lui ai demandé quelle place il accordait à l'imaginaire dans les travaux de son comité . . . Je considère pourtant cette dimension comme indispensable, surtout en matière spatiale : ce que nous appelons l'espace est avant tout le produit de ce que nous faisons, donc de ce que nous avons d'abord imaginé de faire. C'est pourquoi j'ai parlé de l'espace des hommes. Pour autant, je n'oublie pas qu'il existe encore bien des *terrae incognitae*, des terres inconnues, des mondes dont nous n'avons jusqu'à présent aucune connaissance, aucune idée ; bref, d'autres univers.

Il n'est pas question de nous engager dans des spéculations sur la morale et l'éthique pratiquées par d'hypothétiques êtres extraterrestres éventuellement dotés d'intelligence, de conscience, de raison, ni même d'élaborer des droits qui leur seraient accordés par nos institutions ; ce serait là un travail inutile, puisque nous ne possédons pas la moindre preuve de leur existence. En revanche, nous pouvons nous interroger sur les devoirs qui devraient être les nôtres vis-à-vis de ces êtres hypothétiques et de leurs environnements extraterrestres, mais aussi vis-à-vis de nous-mêmes dans le cas de rencontres du 3e type. C'est là un travail prospectif, une tâche qui interroge et analyse en réalité des reflets de nos propres idéaux, de nos propres peurs face à l'hypothèse d'autres êtres, vivants, conscients et intelligents, que nous-mêmes. Que pouvons-nous savoir de l'espace des autres ?

L'espace n'est pas unique ; au contraire, il existe plusieurs espaces, en fonction des circonstances, des époques, des cultures. Déterminer, décrire celui auquel nous pensons, celui auquel nous nous référons est sans doute la première obligation lorsque nous nous interrogeons sur la raison d'être de nos activités astronautiques, sur leurs conditions, sur leurs conséquences. Bref, lorsque nous adoptons une posture éthique.

Chapitre 2 :
Qu'est-ce que l'éthique ?

L'éthique est à la mode depuis plus de trente ans. Sujet familier des philosophes depuis l'Antiquité, élément constitutif et indispensable des corpus philosophiques et des enseignements religieux, elle reste aujourd'hui encore souvent attachée au cadre des séminaires académiques ou à celui, institutionnalisé, des comités d'éthique. Mais désormais elle existe aussi en dehors de ces milieux habituels pour être revendiquée par des experts et des milieux qui lui étaient jusqu'à présent étrangers : il est désormais question de l'éthique du management, du journalisme, du commerce et des finances, ou même de la mode ; et le qualificatif « éthique » est parfois utilisé comme un faire-valoir social ou un argument de vente commerciale. À première vue, l'éthique serait donc devenue indispensable à la bonne conduite des affaires humaines. Si nous nous intéressons à l'étymologie du terme éthique, nous ne devons pas nous en étonner, mais plutôt nous en féliciter. Le terme latin *mors* et le terme grec *ethos* désignent tous les deux la même réalité : la manière de nous comporter, les mœurs propres à la personne humaine et à ses sociétés. Autrement dit, rien de nos activités humaines ne devrait échapper à la réflexion, au travail éthique.

Une typologie académique de l'éthique

L'éthique est :

1. l'étude philosophique des vertus morales, des lois et des principes qui gouvernent les comportements humains (*méta-éthique*) ;
2. un code de conduite, civil ou religieux, considéré comme correct, en particulier par un groupe particulier, une profession ou même un individu (*éthique normative*) ;
3. l'aptitude morale à la décision, à l'engagement dans l'action (*éthique appliquée*).

Une éthique extra-terrestre ?

Il ne faudrait pourtant pas nous en tenir à cet apparent succès de l'éthique qui dépend peut-être de la diversité et du flou de ses définitions actuelles. Plus discrètes peut-être, des voix s'élèvent pour s'inquiéter de ses méfaits sur le progrès scientifique et technique. En voici une seule illustration, issue du monde de l'espace. En janvier 1999, informé de l'initiative éthique de l'agence spatiale européenne (ESA) dont je parlerai ensuite, Albert Ducrocq publie dans la revue *Air et Cosmos* un article très critique. Le célèbre journaliste scientifique français défend l'idée selon laquelle les débris spatiaux présentent pour la Terre un danger quasiment nul ; quant aux discours sur le retour d'échantillons de sols martiens (et donc de possibles organismes vivants), ajoute-t-il, ils ne font qu'entretenir une terreur dans le public et masquer l'intérêt scientifique d'une telle mission. Il conclut : entreprendre une démarche éthique, élaborer une sorte de charte de l'espace « risque d'accréditer la thèse selon laquelle, non contente de constituer une dépense inutile, l'astronautique serait créatrice de nuisances capables de mettre la planète en péril ». Autrement dit, cette bonne intention de l'ESA pourrait « fort mal servir la cause de l'espace[7] ». La prise de position de Ducrocq a le mérite d'être claire : il existerait suffisamment d'arguments pour défendre l'idée selon laquelle l'espace échapperait en grande partie aux interrogations éthiques auxquelles d'autres domaines technologiques sont aujourd'hui confrontés (je pense aux domaines de la biologie et de la médecine, ou encore des activités nucléaires qui font l'objet de réflexions éthiques, de débats publics, de décisions politiques et juridiques).

Que penser de cette prise de position « anti-éthique » envers l'espace ? Sous prétexte que les activités spatiales soient extraterrestres, peuvent-elles revendiquer une extra-territorialité, une spécificité en matière d'éthique ? Bref, existerait-il une spécificité spatiale en matière d'éthique ? Je ne crois pas qu'il soit raisonnablement possible de défendre cette position, surtout si elle vise à exempter le domaine de l'astronautique de l'impératif éthique qui est celui de notre temps (même s'il n'est pas partagé par toutes les sociétés, toutes les nations de notre planète). Je pense plutôt que ces méfiances et ces critiques, qu'il n'est pas possible d'ignorer, ont d'abord pour origine une approche erronée, une compréhension partielle de ce qu'est véritablement la démarche éthique.

La présentation que j'en propose ici n'ignore pas les multiples ouvrages et manuels qui traitent de l'éthique, de la morale et de leurs applications aux divers champs de l'activité humaine. Toutefois, elle dépend en premier lieu de mon expérience au sein d'un organisme français de recherche et de développement dans le domaine spatial, le CNES.

L'éthique ou l'interrogation des évidences

Plus de soixante ans après ses débuts, l'exploration de l'espace apparaît encore comme l'une des réalisations les plus singulières de l'histoire humaine et les premiers pas d'astronautes à la surface de la Lune constituent l'un des plus remarquables événements du XXe siècle. Pourtant, de nombreux penseurs et acteurs du domaine spatial estiment qu'il s'agit là de la poursuite d'un mouvement né plusieurs siècles auparavant, un mouvement auquel la révolution astronomique du XVIIe siècle a donné un caractère essentiel : celui de sa faisabilité. L'espace est alors apparu comme un chapitre à ajouter à l'odyssée de l'humanité qui n'a jamais cessé d'explorer, mais aussi de conquérir et de coloniser de nouveaux territoires à la surface de la Terre, avant de se tourner vers l'air puis vers l'espace. Et lorsqu'un astronaute est interrogé sur la raison pour laquelle il est prêt à risquer sa vie à bord d'un vaisseau spatial ou à la surface d'une planète autre que la Terre, il donne parfois la réponse de George Mallory à qui lui demandait les raisons de vouloir escalader le mont Everest. « *Because it is there* – Parce qu'il est là » répondait invariablement l'alpiniste britannique, aperçu pour la dernière fois le 8 juin 1924 sur la crête nord de l'Everest et dont le corps a été retrouvé, soixante-quinze ans plus tard, le 1er mai 1999, à 8 300 mètres d'altitude. Comme si l'espace devait être traité à l'instar d'une évidence.

Il ne fait aucun doute que l'existence humaine est fondée sur de nombreuses évidences ; celles d'explorer l'espace ou de gravir un sommet parais-sent secondaires en comparaison de celles qui sont communes à tous les humains et même à tous les vivants : se nourrir, s'abriter, se reposer, se soigner, se reproduire, travailler, se divertir. Ces dernières évidences s'imposent à nous au point que nous pouvons parler de déterminismes à leur sujet : nous n'avons pas le choix de nous y astreindre ou de les refuser ; nous n'avons que le choix des conditions dans lesquelles nous assurons ces comportements évidents. Certes, nos régimes alimentaires, nos lieux de résidence, de travail et de repos, nos pra-tiques amoureuses et nos rites conjugaux portent la marque de nos traditions, de nos cultures, bref de notre singularité humaine, par rapport aux êtres vivants qui possèdent les mêmes déterminismes. Nous n'avons pas à nous demander pourquoi, mais seulement comment nous les réalisons et quelles en sont les conséquences (par exemple, sur notre santé, sur notre environnement). Nous poser ces questions est déjà montré un vrai sens de notre responsabilité ; mais ce n'est encore qu'une partie de la démarche éthique. Celle-ci doit aussi conduire à nous interroger sur le pourquoi de nos actes qui relèvent d'un choix et non d'une obligation vitale, autrement dit sur leur but, leur finalité, leur raison d'être ; et c'est là une dimension essentielle de l'éthique : l'éthique doit avant tout être une manière de questionner les évidences.

Prenons l'exemple du jeu. Cette activité, commune aux humains et aux animaux, est parfois qualifiée par les penseurs de « faire sans pourquoi » : elle n'a pas d'autre but qu'elle-même. Jouer est aussi une évidence, qui occupe une place essentielle dans l'éducation des jeunes et dans la vie sociale de nombreux êtres vivants. Jouer exige simplement de poser des règles, des codes de conduite et de les suivre. La question de la finalité du jeu se pose lorsqu'il est associé à des visées mercantiles ou même guerrières : il peut être nécessaire de décider qu'« on ne joue plus ! »

Un autre exemple : la santé. L'art de la médecine et, plus généralement, le soin apporté à soi-même et à l'autre sont considérés non sans raison, comme des évidences. Toutefois, les pratiques médicales, qu'elles soient courantes ou expérimentales, peuvent être soumises à une démarche éthique, à l'examen d'experts ou de comités d'éthique : ceux-ci doivent les approuver, proposer leur amélioration ou, éventuellement, les désapprouver, les interdire. Il est plus rare que soient interrogées les finalités de la médecine, tant paraissent évidents la valeur de la santé et les efforts que les humains sont prêts à entreprendre afin de la conserver ou de la retrouver. Or, à cette question il n'est peut-être pas aussi simple de donner une réponse qu'il n'y paraît au premier abord. Selon la constitution de l'Organisation mondiale de la santé (OMS), la santé est « un état de complet bien-être physique, mental et social, et ne consiste pas seulement en une absence de maladie ou d'infirmité » ; le texte précise que la santé représente « l'un des droits fondamentaux de tout être humain, quelles que soit sa race, sa religion, ses opinions politiques, sa condition économique ou sociale ». Cette définition est pertinente, mais elle reste partielle et la compréhension pratique de la santé, celle qu'en a le patient ou le personnel soignant, doit nécessairement intégrer des dimensions individuelles et subjectives qui font de la médecine santé l'une des activités humaines à la sensibilité éthique la plus vive et la moins évidente. Il y a quelques années, j'ai été invité à prendre la parole au cours d'une rencontre des représentants des comités d'éthique engagés dans la révision de la loi française de bioéthique. Manquant totalement de compétence dans le domaine médical, ma contribution s'est résumée à rappeler que, dans le cadre des vols habités, la finalité de la médecine spatiale consiste à protéger la santé d'individus possédant une forme physique excellente, malgré les conditions auxquelles ils sont volontairement soumis. Considérer la pratique médicale dans cette perspective singulière et quasiment inverse de la pratique thérapeutique est, de fait, une manière d'interroger l'évidence médicale.

Présentée comme une invitation à interroger les évidences, l'éthique n'est donc pas réduite à un exercice de jugement, moins encore d'interdiction. Bien plus, elle contraint les acteurs à un retour sur eux-mêmes, sur les motivations, les raisons d'être et les conditions de leurs choix, les manières d'accomplir leurs décisions. Si nous nous mettions d'accord sur une telle définition de l'éthique, nous ne devrions plus dire ou entendre dire : « Cette attitude, cette action est-elle éthique ? » mais plutôt « Avons-nous abordé, entrepris cette action en interrogeant ses raisons et ses conditions, en adoptant une posture éthique ? » C'est en amont de nos attitudes, avant d'entreprendre nos actes que, pour honorer une démarche éthique, nous devons nous interroger sur leur bien-fondé et sur leurs conséquences. Michel Foucault ne préconise pas autre chose lorsqu'il élabore sa propre définition de l'éthique : « une manière de penser et de sentir, une manière aussi d'agir et de se conduire qui, tout à la fois, marque une appartenance et se présente comme une tâche. Un peu, sans doute, comme ce que les Grecs appelaient un *êthos*[8]. »

L'éthique ou la gestion des possibles

L'éthique n'a pas pour mission d'ouvrir « l'espace des possibles », ni pour fonction de l'explorer ; les sciences et les techniques, mais aussi les philosophies et les arts s'en chargent. La conquête du ciel nous en offre un exemple : durant des siècles, elle a été considérée comme impossible par les cultures occidentales, pour les raisons philosophiques que j'ai présentées auparavant ; c'est la révolution astronomique moderne qui a rendu imaginable le voyage spatial pour les humains, avant que les ingénieurs ne le rendent possible et, au milieu du XXe siècle, le réalisent effectivement. L'histoire de l'humanité est ainsi jalonnée de moments où des humains ont, non sans audace ni risque, osé envisager de nouvelles possibilités de vie ou d'action et tenter de les réaliser. Notre humanité ne manque pas d'hommes et de femmes comme Pierre-Georges Latécoère qui, au moment de créer l'une des premières lignes aériennes, en décembre 1918, explique à l'un de ses pilotes : « J'ai fait tous les calculs. Ils confirment l'opinion des spécialistes : notre idée est irréalisable. Il ne nous reste qu'une chose à faire : la réaliser. » Et je suis persuadé qu'un même esprit habitait les discours sur l'espace de John F. Kennedy (« Nous choisissons d'aller sur la Lune au cours de cette décade et de réaliser d'autres choses, non parce qu'elles sont faciles, mais parce qu'elles sont difficiles ») et anime aujourd'hui les acteurs du NewSpace (« L'échec est une option », affirme Elon Musk). L'éthique, comme posture interrogative, ne précède pas le « Nous pouvons le faire ! » de l'ingénieur, de l'entrepreneur ; en revanche, elle doit impérativement accompagner la décision de réaliser ou de ne pas réaliser ce qui est réalisable, ou même ce qui ne semble pas l'être.

Nous abordons ici une question délicate, celle de la responsabilité des scientifiques et des ingénieurs, en particulier vis-à-vis des sociétés auxquelles ils appartiennent. Cette question peut être associée à celle de la neutralité de la démarche scientifique et de l'innovation technologique, souvent revendiquée et défendue par ceux qui en sont les acteurs. Cette neutralité est souvent justifiée de la manière suivante : « À nous, chercheurs et ingénieurs, revient la mission de découvrir et d'innover ; aux sociétés et à leurs responsables revient la responsabilité de définir le meilleur usage de nos travaux ou bien de le limiter, de l'interdire ! » Que pouvons-nous penser d'un tel argument, d'une telle revendication de non-responsabilité et de neutralité ?

Il n'est guère difficile d'imaginer que cette position défensive de la part des chercheurs et des ingénieurs est une manière d'écarter toute mise en accusation qui pourrait faire suite à un mésusage, un incident, un accident ou une catastrophe. Notre époque montre une tendance parfois exagérée au traitement juridique des aléas que comportent nos existences individuelles et celles de nos sociétés. Chercher à en profiter ou chercher à y échapper, à s'en protéger n'a rien d'étonnant et appartient effectivement à ce qui peut être appelé la gestion des possibles ; mais je ne crois pas qu'il s'agisse d'une manière correcte d'interpréter le sens d'une éthique appliquée à une profession, à un métier (ce qui est habituellement nommé déontologie). La responsabilité du scientifique ou de l'ingénieur est engagée, y compris vis-à-vis de la société à laquelle il appartient (l'organisme pour lequel il travaille, le pays qui est le sien et même l'humanité dans son ensemble), cette responsabilité est engagée dans toutes les étapes de son travail : le choix d'un champ de recherche ou d'un domaine d'innovation, la formulation d'hypothèses ou la validation d'un processus technologique, etc. Il faut nous rappeler que Charles Darwin a retardé la publication de ses recherches sur l'origine des espèces vivantes par souci des conséquences philosophiques et religieuses de ses découvertes : il n'a jamais prétendu que ses travaux étaient neutres. À l'argument de neutralité peuvent donc être opposées trois raisons de défendre la responsabilité sociale des chercheurs et des ingénieurs.

La première raison relève du besoin d'expertise. La conduite de nos actions individuelles comme de nos sociétés exige trois étapes, trois postures successives : celle du savoir, celle de l'expertise et celle de la décision. C'est ainsi que le scientifique offre une vision et une explication de la situation (ce que la langue grecque nomme une *theoria*), que l'expert décrit ses possibles issues (il peut être contredit par une contre-expertise), que le décideur, le responsable politique choisit d'agir en fonction de ces possibles issues. Si l'une de ces attitudes manque ou est négligée (par exemple, si le décideur se contente de suivre l'avis de l'expert sans apporter son propre souci du bien commun), le pire peut arriver. Il n'y a donc pas de neutralité possible, pas d'absence de responsabilité : chacune des trois compétences est impliquée dans le processus, chacune est responsable de son (bon) déroulement.

La deuxième raison se nomme le principe de précaution. Une définition de ce principe a été introduite dans lla *Déclaration de Rio sur l'environnement et le développement* (juin 1992) : « Pour protéger l'environnement, des mesures de précaution doivent être largement appliquées par les États selon leurs capacités. En cas de risque de dommages graves ou irréversibles, l'absence de certitude scientifique absolue ne doit pas servir de prétexte pour remettre à plus tard l'adoption de mesures effectives visant à prévenir la dégradation de l'environnement. » Comme le précise Jean-Jacques Salomon, « le principe de précaution s'impose dans un monde où la science fait rêver que tout ce qui est possible est souhaitable parce que réalisable[9]. » Autrement dit, le principe de précaution est le fondement même d'une éthique comprise comme la gestion des possibles, capable de distinguer possible, souhaitable, réalisable ; il combine la nécessité d'une détection précoce des menaces (ce qui relève de la responsabilité du savant et de l'expert) et l'engagement d'une action préventive sans attendre l'adoption de certitudes scientifiques (ce qui revient au décideur). Le principe de précaution peut donc être résumé dans la formule suivante : « Dans le doute, ne t'abstiens pas, mais agis comme s'il était avéré. »

La troisième raison est une compréhension juste de l'impératif de responsabilité qui ne doit pas être réduit, comme il a déjà été dit, à sa seule dimension juridique. Jusqu'à une époque récente, remarque le philosophe Hans Jonas, le savoir et le pouvoir de l'humanité, autrement dit son espace des possibles, étaient trop limités pour étendre le questionnement éthique au-delà de la qualité morale d'actes aux conséquences limitées dans l'espace et dans le temps ; en particulier, il n'était ni question ni nécessaire d'intégrer la planète Terre dans la conscience d'une causalité et d'une responsabilité collectives, moins encore personnelles. Les temps ont changé : désormais, l'humanité est devenue capable d'agir sur les grands équilibres écologiques eux-mêmes, de mettre en cause l'existence d'espèces vivantes, de niches écologiques entières. Les activités ne sont plus limitées au local, à l'immédiat ou au présent, mais concernent le global, le lointain et l'avenir, avec des conséquences parfois irréversibles. Comment réagir, s'interroge Jonas ? Certainement pas en demeurant dans l'idéal du progrès qui veut laisser croire à la possibilité de résoudre toutes les difficultés par le recours à la science et à la technique. Jonas ne condamne pas ces dernières mais il considère que l'humanité doit définir et instaurer elle-même les limites de son développement et de ses prétentions. Elle doit s'autolimiter, afin de préserver son intégrité et celle du monde. Les risques croissants de dévastation de la planète et d'autodestruction de l'espèce humaine conduisent dès lors à élargir le cadre des impératifs catégoriques énoncés par le philosophe Emmanuel Kant jusqu'aux dimensions des rapports de l'humanité avec son environnement et l'avenir de sa propre espèce. Jonas avertit : « Agis de façon que les effets de ton action soient compatibles avec la permanence d'une vie authentiquement humaine sur terre [. . .] Agis de façon que les effets de ton action ne soient pas destructeurs pour la possibilité future d'une telle vie[10]. » Quelles que soient les limites de la définition du principe de responsabilité proposée par Jonas (en particulier la nécessité de définir la notion même de vivant), elle possède l'intérêt d'introduire dans toute démarche éthique une approche globale de l'environnement (terrestre) et un souci pour les générations à venir. Ces deux perspectives doivent être pris au sérieux par l'entreprise spatiale, sous peine de voir se creuser davantage l'abîme qui existe entre l'image du monde construite par les sciences ou les techniques de l'espace et l'expérience directe de la réalité qui est celle du commun des Terriens.

L'éthique ou « l'esthétique du dedans »

Depuis plus de soixante ans, nombreux sont les programmes spatiaux à nous avoir fourni une expérience singulière et totalement nouvelle de la nature, en particulier de la Terre que nous habitons ; la première décennie spatiale et en particulier le programme Apollo ont été les contemporains de la naissance des mouvements écologistes et environnementalistes. La dimension esthétique n'est pas absente de cette prise de conscience planétaire.

L'expérience de la beauté est apparemment commune à tous les humains et, simultanément, singulière à chacun d'entre eux ou, pour le moins, particulière à leurs différentes cultures : le paradoxe du Beau, enseigne Kant, est d'être à la fois ce qu'il y a de plus universel et de plus singulier, sans doute parce que la beauté est un jeu complexe entre l'entendement et l'imagination. Il n'est donc pas surprenant de rapprocher l'éthique de l'esthétique, comme l'a fait le poète français Pierre Reverdy : « L'éthique, écrit-il, c'est l'esthétique du dedans. » C'est là une manière de dire que l'éthique ne peut pas être réduite aux seuls principes construits par la raison et l'entendement, même collectivement réunis ; l'éthique garde une part de mystère, d'expérience intérieure. C'est ce que Kant avance dans l'extrait de sa *Critique de la raison pratique* cité en épigraphe de cet essai : « Deux choses remplissent le cœur d'une admiration et d'une vénération toujours nouvelles et toujours croissantes, à mesure que la réflexion s'y attache et s'y applique : le ciel étoilé au-dessus de moi et la loi morale en moi. » La connaissance de l'univers (le ciel étoilé) et celle du Bien et du Mal (la loi morale) mettent chaque être humain en présence de quelque chose de grandiose, d'incommensurable, bref en présence d'une forme de sublime au sein de la conscience que chacun peut avoir de son existence. Quelle que soit la teneur donnée au « sublime » (elle dépend par exemple de la culture, de la croyance), ce sublime ne peut pas être négligé : plus encore que les principes et les valeurs qui fondent la démarche éthique, c'est lui qui atteste que l'être humain ne peut pas être réduit à sa seule condition animale et même à celle que décrit le nom que lui-même s'est donné, *Homo sapiens sapiens*, littéralement l'homme-qui-sait-qu'il-sait. Ce sublime, répète Kant, a valeur d'impératif.

La référence à l'esthétique, l'appel du sublime ne doivent pas conduire l'éthique à verser dans les travers du cosmétique. Je veux dire que l'éthique, sous la forme d'un comité, d'un avis ou d'une expertise, ne doit pas servir à maquiller, à dissimuler l'absence de raison d'être ou les conséquences néfastes d'une activité, d'un programme. Elle peut mettre en valeur leurs racines culturelles, leur bien-fondé, leurs intérêts ; elle ne doit pas en dissimuler les limites, les défauts. L'éthique est ou devrait être une forme d'élégance naturelle des humains.

Chapitre 3 :
Une brève histoire de l'éthique spatiale

« Les conséquences d'une conquête technique de l'humanité ne sont jamais prévisibles », écrivait, à propos de l'innovation, un penseur français à la fin des années 1950. L'histoire des sciences et des techniques n'offre pas d'éléments susceptibles de contredire ce constat. Faut-il par conséquent écarter toute interrogation éthique du champ des sciences de l'ingénieur, de peur de freiner l'enthousiasme des savants et des ingénieurs et d'empêcher toute innovation ? Suffit-il de se cacher derrière le paravent d'une prétendue neutralité et laisser aux experts des cours de justice et aux sages des comités d'éthique le soin de décider des conditions d'utilisation des découvertes, des inventions, des innovations ? L'époque n'est pas loin où, à ces deux questions, il aurait été répondu par l'affirmative ; j'en ai précédemment donné des illustrations et des réponses possibles. Au moment de leur naissance, l'exploration et la conquête de l'espace n'échappent pas à ce genre d'interrogation.

L'empereur et le philosophe

S'il fallait désigner un précurseur en matière d'éthique spatiale, mon choix se porterait volontiers sur l'empereur de Chine Ming Xuanzong, connu aussi sous le nom de Xuandei. Sous son règne a eu lieu la septième et dernière des célèbres expéditions maritimes entreprises par la Chine en direction de l'Ouest. Entre 1405 et 1433, à la tête d'une véritable armada de 70 navires et de 30 000 hommes, le célèbre amiral Zheng He a exploré Java et Malacca, Ceylan et les Maldives, Ormuz et La Mecque, Aden et Mogadiscio ; une expédition supplémentaire aurait peut-être offert à la Chine le cap de Bonne-Espérance ... Mais l'empereur en a décidé autrement : en 1433, l'un de ses édits a interdit aux Chinois de quitter leur pays et a ordonné le démantèlement de la flotte de Zheng He et des chantiers navals ; construire une jonque de plus de deux mâts est devenu passible de la peine de mort. L'Empire du Milieu s'est enfermé à l'intérieur de ses murailles, à l'image de son souverain claquemuré dans la Cité interdite, peinte aux couleurs du ciel.

Quelle explication donner à la décision de Xuandei ? Il serait aisé et peut-être raisonnable de marquer l'édit impérial de 1433 du sceau de l'orgueil : pourquoi un Fils du Ciel s'intéresserait-il à des contrées aussi éloignées du centre du monde terrestre, là où se trouvent Pékin, sa Cité et son Empereur ? Pourquoi ses sujets s'en éloigneraient-ils ? La sagesse et l'harmonie suprême ne se trouvent-elles pas auprès de lui ? Le Céleste Empire ne regorge-t-il pas de toutes les richesses nécessaires ? À moins que Xuandei ait pris ombrage du danger que représentait désormais Zheng He, « auréolé » du prestige de ses découvertes, et qu'il ait donc décidé de le garder auprès de lui ? Ou bien encore qu'il se soit rendu compte que la Chine de 1433 devenait trop grande pour son administration et qu'il fallait en éviter la dislocation (la construction de l'armada chinoise avait réduit de moitié la couverture forestière du sud de la Chine). L'empereur aurait eu peur de ne plus être le centre d'un territoire dont les frontières ne seraient plus des murailles mais des caps ; il aurait eu peur de découvrir un autre centre du monde, de rencontrer un autre Fils du Ciel...

Plus de cinq siècles ont passé. En 1960, trois ans après le lancement du premier *spoutnik*, du premier satellite artificiel par les Soviétiques et un an avant le vol de Youri Gagarine, Walter Pons publie un ouvrage intitulé : *Steht uns der Himmel offen ?* – Le ciel nous est-il ouvert ?[11]. Le philosophe allemand ne s'intéresse pas aux techniques astronautiques, aux conditions de leurs usages et à leurs conséquences, mais au sens même de l'exploration de l'espace pour les êtres intelligents et conscients que nous sommes. Pour accompagner l'ère spatiale naissante, il propose une sagesse inspirée des Anciens : « Nous ne connaîtrons pas vraiment le monde, écrit-il, si nous ne nous connaissons pas d'abord nous-mêmes. » À la suite du philosophe grec Socrate et du philosophe allemand Georg Wilhelm Friedrich Hegel, Pons invite donc à faire de la conscience individuelle et intérieure l'instance de la vérité et de la décision :

il n'est plus question de nous laisser diriger par un ordre divin qui serait inscrit dans les astres et que leur observation permettrait de deviner ; il est désormais question d'aller nous-mêmes écrire notre destin dans les étoiles.

Ni Xuandei, ni même Pons n'ont eu la moindre responsabilité, ni même la moindre influence en matière d'exploration spatiale. Pour autant, chacun d'entre eux et pour des raisons différentes, politique ou philosophique, s'est interrogé sur le bien-fondé, sur la raison d'être de franchir les frontières du monde connu et maîtrisé, d'affronter l'inconnu. Et sur les possibles conséquences. C'est pourquoi je considère volontiers ces deux hommes comme des précurseurs de l'éthique spatiale.

Le président et l'astronome

L'état d'esprit de John F. Kennedy n'est pas celui de son lointain prédécesseur chinois. Alors qu'il est installé à la Maison Blanche depuis à peine cinq mois, il décide de lancer son pays dans la course à la Lune et, le 25 mai 1961, propose au Congrès « d'atteindre l'objectif, avant la fin de cette décennie, de faire atterrir un homme sur la Lune et de le ramener en toute sécurité sur la Terre ». L'année suivante, le 12 septembre 1962, cette fois dans le stade de Rice University à Houston, il précise : « Nous avons choisi d'aller sur la Lune. Nous avons choisi d'aller sur la Lune au cours de cette décennie et d'accomplir d'autres choses encore, non pas parce que c'est facile, mais justement parce que c'est difficile. » Et il explique encore à ses concitoyens : « Nous avons mis les voiles sur cette nouvelle mer parce qu'il y a de nouvelles connaissances à acquérir et de nouveaux droits à gagner, et ils doivent être gagnés et utilisés pour le progrès de tous les peuples. Car la science spatiale, comme la science nucléaire et toute technologie, n'a pas sa propre conscience. Qu'elle devienne une force pour le bien ou le mal dépend de l'homme, et il faut que les États-Unis occupe une position de prééminence pour nous aider à décider si ce nouvel océan sera une mer de paix ou un nouveau théâtre terrifiant de la guerre[12]. » Décrire en ces terme les perspectives et les défis qui sont associés à la naissance et au développement des programmes spatiaux est véritablement élaborer et proposer une réflexion éthique.

Les réflexions éthiques proposées par Bernard Lovell dans son ouvrage publié en 1962 et intitulé *The Exploration of Outer Space*[13] sont d'une autre teneur. D'une part, après avoir rappelé les connaissances de son époque sur les conditions nécessaires à l'apparition et au développement de la vie, il fait sienne l'antique interrogation philosophique sur la pluralité des mondes, autrement dit sur la possibilité d'une vie extraterrestre. D'autre part, il évoque l'opération West Ford Needles : en 1961 (et l'opération est renouvelée en 1963), l'US Air Force libère en orbite autour de la Terre, vers 3 000 kilomètres d'altitude, plusieurs millions d'aiguilles de cuivre ; l'objectif est de créer une ceinture de dipôles spatiaux pour servir de réflecteurs passifs à des communications militaires. Est-il raisonna-

ble de polluer l'espace extra-atmosphérique pour
ce motif et de cette manière, se demande Lowell ?
L'astronome conclut son ouvrage par une note
d'optimisme : la course à la Lune et, plus généralement, la compétition spatiale dans laquelle sont en
train de se lancer les Américains et les Soviétiques
constituent d'excellentes occasions de consacrer les
budgets des deux grandes puissances vers des activités moins belliqueuses que la prolifération d'armes
de destruction massive.

Ainsi, des perspectives politiques ouvertes par
l'espace au temps de la Guerre froide à la question
quasi métaphysique de la vie ailleurs, en passant par
la critique des pratiques naissantes dans l'espace,
les propos de Kennedy et de Lowell permettent de
mesurer la diversité des interrogations éthiques qui
peuvent être associées au développement des activités spatiales.

Des initiatives institutionnelles sans lendemain

Vingt ans plus tard, en août 1982, a lieu à Vienne, la
deuxième conférence UNISPACE : elle est chargée
de poursuivre et d'enrichir la réflexion internationale en matière de politique et de droit de l'espace.
Quinze ans après le traité de l'espace, plusieurs délé-
gués s'inquiètent en effet de constater que le processus de militarisation menace toujours l'espace
ou encore que les pays en voie de développement
ne profitent pas encore suffisamment des technologies spatiales. Ils en appellent à davantage de
coopération et de solidarité, dans l'espace mais

aussi sur Terre : les missions Apollo comme celles d'exploration du système solaire ont montré la place singulière occupée par notre planète dans le cosmos, en même temps que ses limites : l'espace n'offrirait-il pas l'opportunité de conquérir, de coloniser de nouveaux territoires au profit de toute l'humanité ?

L'année suivante, un semblable esprit inspire une initiative de l'Organisation des Nations unies pour l'éducation, la science et la culture (UNESCO). L'organisation internationale, dont le siège est à Paris, charge V. S. Vereschtin, vice-président du conseil « Intercosmos » de l'Académie des sciences de l'Union soviétique, de préparer une réunion sur le sujet de la coopération internationale dans l'espace. Vereschtin est convaincu que « préserver l'espace en tant que havre de paix et de coopération entre les nations du monde et ne pas permettre à l'humanité de s'habituer à l'idée que la militarisation de l'espace est censée être inévitable, est l'un des principaux objectifs du droit et de l'éthique à l'heure actuelle. »

Le 16 décembre 1983, une téléconférence réunit six intervenants originaires de quatre continents. L'Autrichien Peter Jankowitsch, alors président du Comité pour l'utilisation pacifique de l'espace extra-atmosphérique (COPUOS), constate avec satisfaction que l'espace donne à l'humanité une nouvelle vision d'elle-même et, par là même, conduit à élaborer une nouvelle éthique. Pourtant, regrette-t-il, « Alors que les premières décennies de l'exploitation et de l'utilisation de l'espace ont été caractérisées par une heureuse évolution des principes [de nonacquisition des droits de souveraineté dans l'espace et sur les corps célestes, utilisation exclusivement pacifique dans l'intérêt de l'humanité] et en particulier la coopération entre les principales puissances spatiales, l'Union soviétique et les États-Unis ont fait de grands progrès - le vol conjoint baptisé Apollo-Soyouz constituant une étape spectaculaire dans ce processus -, ces dernières années de l'histoire de l'espace manquent d'exemples de coopération internationale. Au contraire, plusieurs des principaux principes relatifs à l'utilisation de l'espace, et en particulier le principe d'une utilisation exclusivement pacifique des activités spatiales, semblent de plus en plus menacés. » Au cours de ces échanges, l'Américain Isaac Rasool se montre plus sensible aux enjeux déontologiques ; il évoque les diverses formes de pollution de l'espace, le statut des données et des informations récoltées, etc. Établissant un lien entre l'éthique et le droit international, le Tchèque Vladimir Kopal souligne la nécessité de poser un principe général de gouvernance à côté de la déclaration de l'espace comme patrimoine commun de l'humanité.

Cette initiative de l'UNESCO est remarquable à plus d'un titre : elle évalue les activités spatiales à l'aune du traité de l'espace, proposé quinze ans auparavant ; elle décrit les principales questions déontologiques ; elle introduit l'enjeu de la gouvernance, essentielle au respect des principes du droit de l'espace ; enfin, elle contribue à délimiter une perspective possible pour l'éthique spatiale en lien avec le développement du droit. Malheureusement, cette initiative n'a aucune suite concrète immédiate ; il faut attendre près de vingt ans pour que l'organisme onusien s'intéresse à nouveau à l'espace.

Une troisième initiative institutionnelle a lieu à Casablanca en mars 1984 : l'Académie du royaume du Maroc organise une conférence sous le titre : « De la déontologie de la conquête spatiale » ; elle s'inscrit dans l'esprit de l'initiative onusienne. Si la plupart des orateurs se montrent inquiets de la menace d'une militarisation toujours plus grande de l'espace (le président Reagan a lancé sa *Strategic Defense Initiative*, souvent qualifiée de « Star Wars », un an auparavant en mars 1983), eux aussi n'oublient pas les autres défis lancés par les activités spatiales : ceux qui relèvent de la maîtrise technique (l'encombrement des orbites et la prolifération des débris, la pollution causée par les lanceurs, etc.) et ceux qui appartiennent aux champs juridique et diplomatique (quelle souveraineté ? quel partage des données ?).

Les participants aux travaux de Casablanca le soulignent : l'un des principaux enjeux que doit relever la communauté spatiale et internationale n'est pas tant de préciser ou de rappeler l'esprit de Vienne, du traité de l'espace et des accords internationaux déjà élaborés et signés, mais avant tout de les mettre effectivement en pratique, autrement dit d'en élaborer une déontologie explicite et de la faire appliquer. Comment réussir ce tour de force, alors même qu'aucune coercition ne peut être envisagée, mais seulement le recours à la bonne volonté ? L'un des orateurs de cette rencontre se demande si les « damnés de la Terre » ne seront pas rejoints demain par les « damnés de l'espace », par suite des difficultés, voire de l'impossibilité des pays du Tiers-Monde d'accéder aux données et, plus encore, aux techniques spatiales ; comment ne se sentiraient-ils pas exclus, dépossédés, face à l'arrogance des puissances spatiales et à l'inégalité triomphante ? Enfin, la conférence de Casablanca évoque les conséquences de l'usage des moyens spatiaux sur les cultures, sur leur diffusion ou au contraire sur leur isolement et leur disparition. Est-il possible de penser et de prétendre que l'espace a déjà permis et peut encore permettre de véritables innovations dans le domaine socio-culturel ? C'est là une question qui, trente-cinq ans plus tard, reste pertinente et ne paraît pas avoir déjà trouvé une réponse satisfaisante.

Restées sans lendemain, ces trois initiatives montrent qu'au début des années 1980, la communauté spatiale internationale a été traversée par le souci d'une interrogation éthique et déontologique : la persistance d'une menace de militarisation de l'espace et la nécessité de faire évoluer le droit de l'espace en sont certainement des causes. Malheureusement, hormis des discours et les actes publiés par l'institution marocaine, rien n'est demeuré de ces trois initiatives. Si la NASDA, l'agence spatiale japonaise, entame, dans la deuxième moitié des années 1990, une étude sur les conséquences culturelles des activités spatiales sur la société nipponne, il faut encore attendre une quinzaine d'années pour que l'éthique retrouve une place plus conséquente et plus assurée au sein de la communauté spatiale.

Deux agences spatiales s'engagent

Il faut le reconnaître : à côté du génie génétique ou des technologies nucléaires, l'espace ne fait pas suffisamment peur pour susciter un quelconque émoi éthique de la part des responsables politiques comme de la société civile, même lorsqu'en février 1986 la navette Challenger, avec ses sept membres d'équipage, s'abîme au large des côtes américaines ou lorsque, sept ans plus tard, la navette Columbia s'enflamme à son retour dans l'atmosphère ter-restre. Après chacune de ces deux catastrophes, les autorités américaines nomment une commission d'enquête, mais jamais un comité d'éthique. En fin de compte, c'est en Europe que l'éthique fait vrai-ment son entrée dans le domaine spatial.

« À l'initiative du Directeur général de l'UNESCO, M. Federico Major, et agissant sur proposition du Directeur général de l'Agence spatiale européenne (ESA), M. Antonio Rodota, un nouveau groupe de travail a été mis en place pour examiner l'éthique de l'espace extra-atmosphérique en décembre 1998 sur le base d'un partenariat entre l'UNESCO et l'ESA. » C'est en ces termes que le rapport publié par l'UNESCO en juillet 2000, sous le titre *The Ethics of Space Policy*, explique l'origine du renou-veau d'intérêt du monde spatial pour l'éthique : une proposition de l'agence spatiale européenne et une initiative de l'UNESCO. Coordonné par le profes-seur Alain Pompidou, le groupe de travail a cherché « à identifier les difficultés et les craintes, les oppor-tunités et les promesses associées à la conquête de

l'espace, tout en fournissant les explications nécessaires, de la manière la plus claire et la plus complète
possible, en tenant compte des besoins des populations dans leur contexte socioculturel spécifique. »
Aux deux composantes que possède habituellement
la définition de l'espace (celle d'une dimension, d'un
lieu, d'un environnement et celle d'un outil, d'un
ensemble technique), le rapport en ajoute explicitement une troisième, celle de la perception par le
public au sein d'une réalité sociale et culturelle particulière. Tenir compte de la dimension sociale (ici,
de l'espace) est un apport essentiel à la démarche
éthique, dans quelque domaine que ce soit. En
revanche, alors qu'elles occupaient une grande
partie des soucis, des inquiétudes et des interrogations éthiques au cours de la décennie précédente,
les activités militaires sont absentes du rapport
demandé par l'ESA à l'UNESCO ; sans doute parce
que les projets et les programmes de l'ESA appartiennent statutairement au seul domaine civil et ne
contribuent pas à l'arsenalisation (*weaponization*)
de l'espace ou encore à la *space dominance*.

Suite à ce rapport, l'UNESCO crée au sein de sa
Commission mondiale d'éthique des connaissances
scientifiques et des technologies (COMEST) une
sous-commission consacrée à l'espace extra-atmosphérique. Mais, après avoir mené plusieurs actions,
le plus souvent avec le soutien de l'ESA (rapports,
conférences, etc.), cette structure est entrée en
léthargie à partir de 2005. L'une des raisons à ce
désintérêt de l'UNESCO pour l'espace est peut-être
un effet de redondance ou de concurrence avec un

autre organisme onusien, le COPUOS. Ce n'est sans doute pas un hasard si, en juin 2001, à la suite de la publication du rapport *Ethics of Space Policy* de la COMEST, le COPUOS consacre l'une des séances de sa session annuelle à Vienne au thème de l'éthique spatiale ; une manière évidente de « marquer son territoire », de rappeler que le COPUOS a été le premier à s'intéresser à l'éthique de l'espace et à s'y investir, du fait de sa compétence juridique.

Près de vingt ans après l'initiative de l'ESA et quoi qu'il en soit de la concurrence ou de la complémentarité de ces deux organismes onusiens, ils ont tous deux abandonné toute forme d'intérêt pour l'éthique de l'espace. Et l'ESA n'a pas suivi son homologue français, le Centre national d'études spatiales.

En effet, au début de l'année 1999, Gérard Brachet, le directeur général du CNES, a confié à un groupe d'ingénieurs le soin d'ouvrir le chantier de l'éthique spatiale. Deux ans plus tard, la direction du CNES crée le poste de « conseiller éthique », le premier du genre dans le monde de l'astronautique (et le seul à ce jour). Puis est publié, en octobre 2001, *La Seconde Chance d'Icare*, le fruit de ces trois premières années de réflexion[14]. Les travaux en matière d'éthique spatiale se développent au CNES à travers plusieurs publications ; ils sont aussi présentés à différents publics au cours de colloques, de conférences grand public et occupent même une chronique régulière dans le magazine d'information de l'agence spatiale française. Plusieurs groupes d'expertise et de prospective du CNES introduisent dans leurs travaux la perspective éthique.

Une pertinente distinction

Il est convenable de dire que, grâce à l'ESA et à l'UNESCO, grâce au CNES, l'éthique est entrée durablement dans le monde spatial. Par exemple, les conférences organisées par la Fédération astronautique internationale (IAF), par l'Académie internationale d'astronautique (IAA) ou encore le Committee on Space Research (COSPAR) accueillent des communications sur la thématique de l'espace et de l'éthique ; l'International Space University (ISU), établie à Strasbourg (France) honore sa dimension interculturelle et interdisciplinaire en ouvrant son école d'été et son master aux interrogations éthiques ; l'European Science Foundation (ESF), l'European Space Policy Institute (ESPI) qui étudient l'avenir des activités spatiales intègrent elles aussi ce nouveau champ ; le nouvel institut européen d'astrobiologie (EAI) l'introduit dans ses thèmes de recherche. Toutefois, aucune autre agence spatiale que le CNES n'a jusqu'à présent désigné une personne ou une équipe pour la charger d'une veille ou d'une prospective sur la dimension éthique de leurs activités. Jusqu'à présent aucun comité d'éthique en charge de questions spatiales n'a été créé, à quelque niveau que ce soit. Cela n'est pas étonnant : d'une part, la contrainte de l'opinion publique, la pression de l'actualité et du futur proche restent faibles et même inexistantes ; d'autre part, la multiplicité des domaines en compliquerait sans doute la constitution et la gestion. Bref, pour la plupart des organisations spatiales (et plus encore pour le monde universitaire[15]), l'éthique reste encore une frontière à franchir.

Mais il faut garder confiance : comme John F. Kennedy l'avait fait au début des années 1960, le monde politique peut soutenir la démarche éthique dans le domaine spatial ; une publication américaine de 2009 le prouve.

Le 1er février 2010, Barack Obama annonce l'annulation du programme Constellation décidé en 2004 par son prédécesseur, Georges W. Bush ; l'objectif de ce programme était l'envoi d'astronautes sur la Lune vers 2020 pour des missions de longue durée. Quelle que soit la manière dont cette décision présidentielle a ensuite été mise en œuvre (dans les faits, Constellation n'a pas été complètement annulé . . .), trois motifs sont avancés pour la justifier : le dépassement excessif du budget alloué à ce programme, le retard pris sur les échéances, enfin l'absence de véritables innovations associées au projet. Le coup est dur pour de nombreux acteurs du spatial américain, mais cependant pas pour tous : le rapport, rédigé par une commission dirigée par Norman Augustine et publié en octobre 2009 sous le titre *Review of United States Human Space Flight Plans*, estime que la NASA devrait désormais s'appuyer de manière plus importante sur les opérateurs privés pour les activités en orbite basse. Mise en œuvre, cette orientation contribue sinon à l'émergence du moins à l'accélération du développement du NewSpace, autrement dit des nouveaux entrepreneurs spatiaux, grâce au renforcement de leur partenariat avec la NASA. Ce rapport contient une autre particularité digne d'intérêt : il s'agit sans doute du premier document officiel, au sens le plus courant du terme, qui, à sa manière et dans son style propre, mentionne et même promeut une démarche éthique à appliquer à l'espace. Je m'explique.

À deux reprises au moins, ce texte propose des critères aussi simples qu'efficaces d'évaluation et même de décision en matière de programme spatial. « Nous explorons pour atteindre des objectifs, pas des destinations. C'est par la définition de nos objectifs que la prise de décision pour les vols spatiaux habités devrait commencer. Avec des objectifs établis, les questions sur les destinations, les stratégies d'exploration et les architectures de transport peuvent suivre dans un ordre logique. Bien qu'il y ait certains aspects du système de transport qui sont communs à toutes les missions d'exploration [. . .], il y a un danger de choisir d'abord les destinations et les architectures. Cela risque d'imposer une destination sans une compréhension claire de la raison pour laquelle elle a été choisie ; cela peut conduire à l'incertitude quant au moment où il est temps de passer à autre chose[16]. » Il n'est pas difficile d'appliquer cette méthode au programme Constellation et ainsi de comprendre les raisons de la décision du gouvernement américain. La destination de ce programme est évidente : la Lune ; mais ses objectifs ne le sont pas suffisamment. Dans ce cas, ont conclu Augustine et les membres de son comité, mieux vaudrait suspendre, annuler ou pour le moins profondément reconsidérer Constellation. Ce que le président américain décide donc de faire, au début de l'année 2010, quels que soient les véritables effets de sa décision.

Sans qu'il faille le porter aux nues, l'état d'esprit que promeut le rapport Augustine est intéressant : plutôt que la méfiance, plutôt que la critique *a priori*, plutôt que le « À quoi bon ? » stérile, mieux vaut chercher à discerner les ressorts profonds d'une entreprise, ses finalités (qu'il s'agisse de buts et/ou de destinations) et à évaluer ses conséquences, attendues ou craintes. Cet état d'esprit est d'autant plus pertinent qu'à notre époque et dans la communauté spatiale en particulier règne volontiers la conviction du « *We can do it* – Nous pouvons le faire » des ingénieurs, autrement dit une culture de la performance. Cette culture exige de l'enthousiasme et de la ténacité, du courage et une capacité à accepter le risque ; mais elle peut aisément confondre la destination et le but. De fait, nous abordons ici un point délicat dans le questionnement à porter sur les activités spatiales et le développement technologique en général : celui où il paraît de plus en plus difficile de savoir si la fonction crée l'organe ou l'organe la fonction. À ce stade, s'imposent la prise de distance et la mise en relief, l'éclairage croisé et la perspective, puis le débat, la dispute, et enfin, ne l'oublions pas, la conviction et la décision. Rien qui puisse être confondu avec un passe-temps pour citoyens désœuvrés, ni un alibi pour responsables prudents ; rien d'autre que l'indispensable conscience, individuelle et collective, de nos actes. Rien d'autre que ce que nous appelons l'interrogation éthique.

Chapitre 4 :
Le droit,
un miroir de l'éthique spatiale

À l'heure où le NewSpace prend les allures d'une nouvelle conquête de l'Ouest, d'une nouvelle ruée vers l'or, une question se pose avec une actualité particulière : l'espace est-il à vendre ? Ou bien, plus généralement, l'espace serait-il dépourvu de tout cadre juridique, de tout règlement, de tout code de bonne conduite ? Ceux qui vendent des parcelles de terrain sur la Lune et sur Mars ne font rien d'autre que semer le doute dans l'esprit de nos contemporains qui, curieux ou soucieux de l'avenir de l'espace, ignorent le plus souvent qu'un véritable corpus juridique existe pour encadrer, orienter ou même inspirer les activités spatiales. Bref, l'espace n'est pas hors-la-loi.

Il n'est pas question de présenter ici le contenu du droit de l'espace, les modes et les frontières de son application, les structures internationales qui ont la responsabilité de son élaboration, de son application et de son évolution, mais seulement de préciser ce qui en a inspiré la genèse et en constitue les fondements. Car, si les débats ne manquent jamais à propos de la place à accorder au champ juridique vis-à-vis de la matière éthique, je crois possible, nécessaire et même impératif d'associer, dans le domaine astronautique, droit et éthique. Autrement dit, il convient de reconnaître le droit de l'espace comme l'expression éthique la plus ancienne concernant les activités astronautiques modernes et comme l'une des sources essentielles de la réflexion que nous devons mener aujourd'hui.

Le glaive et la paillasse

Au cours des années 1882 et 1883 a eu lieu l'Année polaire internationale : à côté des expéditions menées sous drapeau national (au premier rang, ceux du Royaume-Uni et de la Norvège), cette initiative a rassemblé des chercheurs de plusieurs autres nations afin de réaliser des missions scientifiques communes afin d'explorer les régions polaires de la Terre.

Instaurée du 1ᵉʳ juillet 1957 au 31 décembre 1958, l'Année géophysique internationale (*International Geophysical Year* ou IGY) est organisée dans le même esprit : après la Deuxième Guerre mondiale et dans le contexte de la Guerre froide, la communauté scientifique veut promouvoir les échanges entre les pays, en particulier dans le domaine des connaissances de la Terre. Plus de 60 000 scientifiques et ingénieurs de 66 pays participent à cette initiative dont le principal objectif est d'étudier les phénomènes globaux qui se déroulent sur Terre et dans

son environnement spatial : la gravité, le géomagné-
tisme, la physique de l'ionosphère, la météorologie,
l'océanographie, la sismologie, les aurores boréales,
l'activité solaire, les rayonnements cosmiques, etc.
La dimension astronautique de cette initiative est
précisée dès l'été 1955 : les États-Unis et l'Union
soviétique annoncent successivement leur intention de lancer des satellites à l'occasion de l'IGY.
Spoutnik 1 est lancé le 4 octobre 1957 et Explorer 1
le 1er février 1958 (il découvre la ceinture de radiations de Van Allen). L'année géophysique internationale est aussi l'occasion pour des nations telles
que la France, le Royaume-Uni, le Japon, le Canada
ou l'Australie de développer des programmes de
fusée-sonde pour l'exploration de la haute atmosphère. Voilà, pour reprendre une expression proposée par Roger-Marie Bonnet, ancien directeur des
programmes scientifiques à l'ESA, le rôle joué par la
« paillasse », autrement dit par la communauté scientifique dans l'histoire moderne de l'espace, un rôle
marqué par une volonté de recherche, d'exploration
. . . et de coopération.

Le rôle du « glaive », autrement dit des militaires,
paraît aussi important. En dehors du domaine des
missiles balistiques (inauguré par la mise au point
des V2 allemands) et sous l'influence de l'histoire
aérienne, les militaires comprennent sans tarder
l'avantage qu'ils pourraient tirer des techniques
spatiales. Un mois et demi après le succès du premier Spoutnik soviétique, un général américain
met en garde ses concitoyens en des termes clairs :
« Quiconque est capable de contrôler l'espace aérien

est également en mesure d'exercer son contrôle sur les terres et mers situées en dessous. Je pense qu'à l'avenir, ceux qui sauront contrôler l'espace, sauront également prendre le contrôle de la surface de la Terre . . . À propos du contrôle des airs et de l'espace, je tiens à souligner qu'il n'existe aucune séparation en soi entre l'air et l'espace. Ils constituent des champs d'opérations indivisibles[17]. » Et quatre jours après le lancement du premier satellite américain, le sénateur américain Hubert H. Humphrey se félicite de l'équilibre retrouvé entre les deux grandes puissances. Il annonce une ère nouvelle, ouverte par la prochaine et prévisible arrivée des satellites de reconnaissance : « Un satellite de cette nature impressionnerait toutes les nations en montrant que les frontières nationales et les pays ne sont plus sacro-saints. De par son essence même, il offrirait un exemple frappant d'internationalisme qui impliquerait la création de nouveaux concepts de droit international et d'un nouvel ordre international[18]. »

Le droit de l'espace se développe donc dans le contexte de la coopération scientifique internationale et de la compétition stratégique entre les États-Unis et l'Union soviétique.

Extraterrestre *versus* terrestre

« *Cuius est solum, eius est usque ad coelum et ad inferos* – Qui possède le sol possède tout le chemin jusqu'aux cieux et jusqu'aux enfers » : s'il était appliqué à l'espace extra-atmosphérique, ce principe romain, consolidé et commenté au Moyen Âge par le juriste Accursius, conduirait à maintenir la propriété et, par suite, la souveraineté des États sans limite dans l'espace (écartons ici la question des « enfers »). Or, nous le savons, parmi les principes du droit spatial, figurent en tête ceux de liberté d'accès et de non-appropriation. Comment interpréter cette différence ?

Les précurseurs et les pionniers du droit de l'espace posent d'emblée la question : faut-il ou non le considérer comme une extension du droit de l'air ? Le Belge Émile Lande, dès 1910, ou le Tchécoslovaque Vladimir Mandl, en 1932, avancent la spécificité du vol spatial pour défendre la nécessité d'un droit nouveau et indépendant. Le Soviétique Evgeny Korovin, en 1934, défend au contraire une extension du droit de l'air, un maintien du droit de souveraineté et d'autodéfense des États dans l'espace. Ce débat entre juristes se poursuit, puis évolue jusqu'au cours des années 1950 où il se concentre sur la question générale suivante : une régulation juridique dépend-elle du lieu ou de la nature de l'activité considérée ? Autrement dit, appliquée à l'espace, la question devient : la souveraineté des États est-elle délimitée par une définition topographique ou une définition fonctionnaliste ? Il est effectivement possible de définir l'espace de deux manières : comme un lieu ou bien comme un ensemble d'outils et d'activités. En fin de compte, le droit spatial s'est développé comme un droit particulier qui s'appuie sur une définition-délimitation de l'espace, qualifié précisément d'extra-atmosphérique, et qui entretient des liens avec le droit maritime et le droit aérien.

Loin d'être anecdotiques, les débats qui ont marqué la naissance du droit de l'espace illustrent le lien essentiel qui peut et même doit exister entre le champ juridique et le champ éthique. Contrairement aux idées reçues, l'un comme l'autre ne servent pas avant tout à protéger, à conserver l'ordre établi, mais plutôt à accompagner les moments où cet ordre est mis en cause, quelle qu'en soit la cause ou la circonstance. C'est au moment de traverser une frontière, de déclencher ou d'affronter une révolution que le règlement, la loi ou le droit sont vraiment nécessaires ; le sont de même l'interrogation et la pratique éthiques. Comme l'ont compris les pionniers du droit spatial (Lande, Mandl et Korovin), il n'est pas facile de mesurer le degré de nouveauté d'une science, d'une technologie ni d'évaluer les conséquences de leurs applications. Il faut parfois réfléchir à de nouvelles définitions, poser de nouvelles conditions et de nouvelles règles, sans oublier de rappeler, de préciser les objectifs déjà connus ou d'en poser de nouveaux.

Par ailleurs, si la naissance d'un nouveau domaine technique en même temps que l'exploration d'un nouveau territoire géographique peuvent conduire à l'élaboration d'un nouveau corpus juridique, il ne faut pas oublier les conséquences de ces changements sur les domaines « anciens » : l'extra-terrestre ne doit pas faire oublier le terrestre. Si l'une des premières questions posées par les juristes concerne la pertinence de maintenir la souveraineté des États dans l'espace, il faut aussi considérer l'influence des activités spatiales sur la notion de souveraineté sur Terre, sur son respect, sur sa gestion. L'enthousiasme des scientifiques à collaborer à l'occasion de l'IGY ne peut ni ne doit faire oublier l'esprit de compétition qui anime les relations entre les États-Unis et l'Union soviétique, l'esprit de la course à la Lune.

In principio

L'assemblée générale des Nations unies n'a pas attendu longtemps pour se saisir du sujet de l'espace extra-atmosphérique : le 14 novembre 1957, soit à peine six semaines après le lancement de Spoutnik 1, l'institution émet une résolution pour recommander une utilisation pacifique de l'espace. Deux autres résolutions suivent, en décembre 1958 puis en décembre 1960, qui conduisent, en décembre 1963, à une « Déclaration des principes juridiques régissant les activités des États en matière d'exploration et d'utilisation de l'espace extra-atmosphérique » : la voie est ouverte vers la négociation et la rédaction d'un traité général et d'accords complémentaires ; d'autres résolutions sont encore prises entre 1982 et 1996[19].

Traités et accords interétatiques

* Traité sur les principes régissant les activités des États en matière d'exploration et d'utilisation de l'espace extra-atmosphérique, y compris la Lune et les autres corps célestes* du 19 décembre 1966, ouvert à la signature le 27 janvier 1967, entré en vigueur le 10 octobre 1967. Il a été ratifié par 98 États et signé par 27 autres. Ces principes ont ensuite été complétés et développés par d'autres textes internationaux :

* *Accord sur le sauvetage des astronautes, le retour des astronautes et la restitution des objets lancés dans l'espace extra-atmosphérique* du 22 avril 1968, entré en vigueur le 3 décembre 1968, ratifié par 90 États ;

* *Convention sur la responsabilité internationale pour les dommages causés par des objets spatiaux* du 29 mars 1972, entrée en vigueur le 1er septembre 1972, ratifiée par 86 États ;

* *Convention sur l'immatriculation des objets lancés dans l'espace extra-atmosphérique* du 14 janvier 1975, entrée en vigueur le 15 septembre 1976, ratifiée par 51 États ;

* *Accord régissant les activités des États sur la Lune et les autres corps célestes* du 18 décembre 1979, entré en vigueur le 18 décembre 1984, ratifié par 13 États.

Nous le savons, les perspectives qui s'ouvrent désormais en matière d'exploration et d'utilisation de l'espace, en particulier celles proposées par les acteurs du *NewSpace*, mettent en question et peut-être même en péril ce corpus juridique. Pour mieux aborder ce défi lancé au droit de l'espace, il convient de rappeler, de préciser les principes qui ont inspiré ces textes fondamentaux. Toute évolution, toute révolution aura évidemment lieu en fonction ou en référence à eux, qu'il s'agisse d'en tenir compte ou au contraire de les ignorer, de les oublier. Car il convient de considérer les principes comme des moyens d'apporter des solutions concrètes et adaptées à chaque situation, à chaque particularité ; chargés de valeurs positives, ils permettent de déployer au sein du droit une dimension morale. Bref, les principes constituent des liens entre l'éthique et le droit.

L'histoire du droit le montre : les traités relatifs aux espaces internationaux sont porteurs de principes particulièrement structurants. Parce que la mer, l'air et l'espace extra-atmosphérique sont des facteurs de liaison interétatique ou, au contraire, d'isolement, les principes sur lesquels sont construits ces traités contribuent à une sorte d'ordre universel. L'idée générale est de s'opposer à la constitution de droits souverains exclusifs et d'instaurer entre les États des compétences concurrentes. Autrement dit, la concurrence est préférée à l'exclusivisme, l'*imperium* (le pouvoir politique) au *dominium* (la propriété). Et les deux principes essentiels sont ceux de la liberté d'accès à l'espace et de sa non-appropriation dont s'inspirent les autres principes, les autres normes du corpus juridique. Au total, celui-ci est fondé sur six principes : le principe de liberté et le principe de non-appropriation ; le principe de la responsabilité internationale des États ; le principe de l'usage pacifique ; le principe de la coopération ; le principe du respect de l'intérêt commun.

Des auteurs n'hésitent pas à considérer ces principes comme « le manteau de respectabilité du droit spatial ». Il faut prendre cette critique au sérieux : l'application du droit tout comme l'argumentation éthique peuvent en effet servir à donner bonne conscience aux acteurs, parfois même à détourner l'attention vers d'autres domaines. Il est inutile de nier ce possible usage du droit et de l'éthique ; mais il ne constitue pas une raison suffisante pour méconnaître ou pour oublier « l'esprit des lois », au sens originel des principes, bien au contraire. Par exemple, la notion de liberté d'accès à l'espace n'est pas l'addition de libertés spécifiques qu'il serait possible de revendiquer, mais une norme fondatrice (au moment de l'élaboration du traité de 1967, les technologies spatiales sont encore balbutiantes) ; il s'agit d'une liberté responsable, soucieuse de coopération, de solidarité et d'équité. La norme juridique constitue ainsi une jauge éthique pour évaluer les activités spatiales. D'une manière semblable, le principe de non-appropriation ne se réduit pas à la simple prohibition de l'acquisition, mais défend plutôt la coexistence simultanée de plusieurs compétences, plusieurs politiques, plusieurs actions. Qu'il s'agisse des orbites circumterrestres et des fréquences, deux ressources limitées, ou bien des corps célestes et de l'exploitation de leurs ressources, l'application du principe de non-appropriation est bien entendu loin d'être aisée, car une véritable dynamique de l'accaparement se met en place dans l'espace ; en réponse, elle exige l'instauration d'une gouvernance volontariste qui soit accordée à ce principe.

Nouvelles frontières

Au cours du congrès international d'astronautique qui s'est tenu en octobre 2015 à Jérusalem, une session consacrée au droit de l'espace connaît un moment d'animation et même d'agitation, après la présentation du professeur Henry Hetzfeld, intitulée : « Comment les termes simples nous induisent en erreur : les pièges de la réflexion sur l'espace comme un bien commun ». Le juriste américain de la George Washington University met ouvertement en question le sens et surtout l'application à l'espace des idées de bien commun, de patrimoine commun et d'apanage de l'humanité, qui sont pourtant les fondements du droit spatial international. Quelques semaines plus tard, le 25 novembre 2015, la Maison Blanche annonce que Barack Obama a signé le *Space Resource Exploration and Utilization Act*, un texte présenté à la Chambre des représentants au mois de mai précédent. Cette loi vise à préciser le cadre légal concernant le droit de propriété des ressources obtenues par l'exploitation des astéroïdes et, par suite, à faciliter et à encourager l'exploitation commerciale de ces ressources par des entreprises privées, installées sur le sol américain. Après les domaines des télécommunications, de l'observation de la Terre et, plus récemment, du transport spatial et des vols suborbitaux, voilà donc une nouvelle initiative de l'administration américaine en faveur de l'engagement de la sphère privée dans le champ de l'utilisation commerciale de l'espace et, par suite, une manière efficace de soutenir le leadership, de préserver la suprématie américaine dans le domaine spatial. Le 3 février 2016, Étienne Schneider, vice-premier ministre et ministre de l'Économie du Grand-Duché du Luxembourg, dévoile une série de dispositions destinées à attirer dans son pays des entreprises spécialisées dans l'exploitation des richesses minières spatiales[20]. Avec les décisions américaine et luxembourgeoise, le NewSpace entre véritablement dans le champ politique et juridique et les juristes sont contraints de prendre la mesure de la solidité et de la pertinence des fondements du droit de l'espace, de ses principes, de sa capacité à tenir compte de l'émergence de nouveaux acteurs, de nouveaux outils, de nouvelles ressources, de nouveaux marchés. Effectivement, pour ne considérer que l'exploitation minière de l'espace, il n'est pas aisé d'élaborer une réponse, moins encore un appareil juridique qui tienne compte à la fois de la législation spatiale actuelle, de ses possibles évolutions et transformations, de la diversité des législations et pratiques minières et de leur application aux particularités spatiales, enfin des contraintes et des perspectives sociales et politiques.

Le NewSpace n'est encore qu'au stade des balbutiements : c'est là une raison pour ne pas nous inquiéter des possibilités et des contraintes juridiques qui devraient accompagner le futur du NewSpace, avant de nous être sérieusement penchés sur les interrogations éthiques et les objectifs politiques qui lui sont associés. J'écarte ici l'idée de mettre en cause ou de critiquer les efforts de ceux qui réfléchissent aux conditions du développement du NewSpace, en particulier dans le champ du droit : il est rare de voir la réflexion juridique accompagner une évolution technique, socio-économique, peut-être même la précéder, au lieu de « courir » derrière elle. Mais cette situation prometteuse ne doit pas conduire à ignorer les défauts et les limites des travaux actuels.

Je constate et applaudis la compétence et l'engagement des juristes qui se réunissent au sein du groupe de travail *The Hague International Space Resources Governance*, à l'initiative du ministère des Affaires étrangères néerlandaises et de l'université de Leiden[21]. Venus du milieu universitaire et d'entreprises du NewSpace, représentant plusieurs pays spatiaux, ils travaillent à élaborer les *building blocks*, les bases, les fondements qui pourraient servir demain à l'organisation, à la gestion juridique du NewSpace. Ils précisent ce qu'il convient d'entendre par « ressource spatiale » et par « opérateur » ; ils rappellent les principes du droit de l'espace et leur interprétation actuelle ; ils abordent les questions de sécurité, de responsabilité en cas de dommage ou encore celles, si délicates, de partage des bénéfices ; ils imaginent l'émergence d'une *adaptative gouvernance*. Toutefois, en plus de m'interroger sur la possible réception de leurs travaux par les institutions internationales comme le COPUOS (une interrogation qu'eux-mêmes ne manquent pas de se poser), je me demande si ces réflexions ne se trouvent pas limitées, handicapées du fait qu'elles s'en tiennent à une représentation du monde qui se révèle désormais périmée. Ou, pour être plus précis, je me demande si ces réflexions ne révèlent pas l'inadaptation de la représentation du monde sous-jacente au droit spatial, dans son état actuel. Je m'explique.

Nous ne sommes plus au temps où les grands d'Espagne et du Portugal pouvaient se partager le Nouveau Monde et l'ensemble du monde connu en traçant des méridiens ; nous ne sommes plus au temps où les compagnies et les comptoirs pouvaient s'implanter sur les côtes et les terres lointaines, avec l'autorisation intéressée de leurs souverains. Le monde d'alors, aussi immense qu'il ait pu paraître aux yeux de nos prédécesseurs, restait limité, comme nos prédécesseurs finirent eux-mêmes par s'en rendre compte. Désormais, notre monde, le monde de l'ère spatiale, ne connaît plus de telles limites. Certes, celles immédiatement associées à notre planète demeurent et elles se font même sentir de plus en plus tragiquement : nous craignons d'épuiser définitivement les ressources terrestres ; mais alors, nous pouvons encore rêver d'aller coloniser d'autres planètes, d'y trouver et d'y exploiter ce qui sera nécessaire à notre survie et même à notre expansion cosmique. Dès lors, pour quelles raisons ne pas continuer à prendre les rêves d'hier, ceux des auteurs de science-fiction par exemple, pour la réalité de demain ? Dans ce cas, nous ne discernerons aucune véritable frontière à nos entreprises ; même un possible autrui, *alien*, *alter ego* reste à des distances tellement respectables que nous avons du mal à l'imaginer nous imposer ses propres limites. Autrement dit, nous restons entre humains (au mieux entre Terriens si nous voulons tenir davantage compte des autres vivants), contraints à élaborer nos propres droits et nos propres devoirs les uns à l'égard des autres, mais sans limites extérieures sur lesquelles nous puissions nous appuyer. Comme pour les mineurs de l'espace, le ciel ne paraît plus être une limite. Et le droit, dans sa réalité actuelle, n'offre pas les protections suffisantes pour échapper totalement à un sentiment de vertige.

Ce vertige peut être bénéfique et inviter à nous interroger en des termes vraiment éthiques. Pourquoi ne pas nous inspirer de l'expérience de vertige, d'*overview effect*, d'effet surplombant, décrit par les astronautes en orbite autour de notre planète ?

Chapitre 5 :
La Terre fabriquée

Jusqu'à la fin du XVIIIe siècle, seuls les humains les plus spirituels, savants ou poètes avaient osé gravir les degrés de l'expérience mystique, scruter patiemment les astres et élaborer de courageuses théories, libérer leur imagination créatrice, pour échapper à notre prison terrestre et parvenir à la surplomber. Il faut attendre l'invention des plus-légers-que-l'air, puis des plus-lourds-que-l'air pour que d'autres humains, avec leur corps cette fois, explorent réellement la troisième dimension et voient la Terre d'en haut, grâce à leurs instruments ou à l'œil nu. Lorsque la réalité rejoint enfin l'imaginaire et la fiction, le lien de l'humanité à sa planète et à son environnement en est bouleversé.

L'histoire de l'observation de la Terre depuis l'air et l'espace retient le vol du ballon Explorer 2 qui, en novembre 1935, atteint l'altitude de vingt-deux kilomètres et offre la première photographie oblique des couches de l'atmosphère : la courbure de la Terre est enfin visuellement confirmée, ainsi que la finesse de son enveloppe atmosphérique ; du même coup apparaît l'immense vide noir qui entoure notre planète. Après la Seconde Guerre mondiale et dans le contexte de la Guerre froide, c'est encore l'étude de l'atmosphère et de sa pénétration par des missiles guidés qui, grâce aux instruments embarqués à bord de fusées allemandes V2 ramenées aux États-Unis, offre comme « produits dérivés » les photographies spatiales de portions de la Terre dont il est possible d'acquérir une vue mosaïque. À cette époque naît l'idée de satellites météorologiques capables d'acquérir une vision synoptique de notre planète : le premier d'entre eux, Tiros-1, est lancé le 1er avril 1960 ; ce « patrouilleur des ouragans et des tempêtes » transmet des images de nuages, obtenues par des tubes cathodiques, mais aussi celles de phénomènes hydrologiques, océanographiques et terrestres. Au début des années 1960, l'observation de la Terre depuis l'espace commence à intéresser les experts militaires, scientifiques, politiques et économiques et, comme pour convaincre l'opinion publique de l'utilité des techniques spatiales, l'image de notre planète s'affiche de plus en plus souvent sur l'écran des (premières) télévisions.

Enfin, la Terre tout entière !

Pour Alfred Sauvy, il ne fait aucun doute que « c'est la marche sur la Lune qui est à l'origine du mouvement écologique contemporain[22]. » Flatteur pour le programme Apollo et pour l'entreprise spatiale en général, le propos de l'économiste n'est pourtant pas

exact. Même s'il est tentant d'établir un lien de causalité entre l'espace et le souci pour l'état de notre
planète et de trouver ainsi un argument supplémentaire en faveur du développement des techniques
spatiales, ce lien n'existe pas. Il est plus exact de parler de coïncidence, de concomitance. En effet, c'est
en 1962 que Rachel Carson publie *Silent Spring*, un
livre dans lequel la scientifique américaine dénonce
les effets nocifs du DDT et des autres pesticides
sur les humains, les animaux et leurs environnements. Ce best-seller a pour effet la création de
l'*Environmental Protection Agency* par les États-Unis;
il marque symboliquement le début de l'intérêt officiel pour l'écologie. La première conférence mondiale sur l'environnement a lieu dix ans plus tard, en
1972 à Stockholm, six mois avant la mission Apollo
17, la dernière du programme lunaire américain.
S'il ne faut donc pas parler de lien de causalité mais
plutôt de concomitance, il ne fait aucun doute que
les images de la Terre prises au cours des missions
lunaires sont rapidement devenues des icônes des
mouvements écologistes. Et elles doivent une bonne
part de ce succès ni à un scientifique, ni à un militant
écologiste, mais à un artiste de la contre-culture.

Au milieu des années 1960, « The Company of
Us » (ou USCO) rassemble des artistes américains
qui élaborent des performances d'immersion, des
expériences psychédéliques, à l'aide des technologies les plus modernes ou du LSD. Avec leur slogan :
« *We Are All One* », ils font la Une du magazine
Life en septembre 1966. Steward Brand fréquente
ce groupe de la contre-culture. Un jour de février

1966, sur le toit d'une maison de North Beach, à San Francisco, après une prise de LSD, il raconte avoir eu comme une révélation et s'être demandé : « Comment pourrais-je conduire la NASA ou les Russes à retourner les caméras ? Nous devions fabriquer un badge (*button*) ! Un badge avec une demande : 'Prenez une photographie de la Terre entière'. Non, il fallait formuler une question, recourir à l'immense paranoïa américaine : '*Why haven't we seen a photograph of the whole Earth yet ?* – Pourquoi n'avons-nous encore vu aucune photographie de la Terre tout entière ?' Et voilà. Dès le lendemain matin, j'étais occupé à imprimer des badges et des affiches portant cette question. » Et Brand envoie sa production à la NASA, aux membres du Congrès américain, aux diplomates des Nations unies, aux scientifiques soviétiques. Sur le campus de l'université de Californie à Berkeley, il vend ses badges vingt-cinq cents ; puis il en propose aux étudiants de Stanford, de Columbia, d'Harvard, du MIT . . .

Quelques mois plus tard, le 23 août 1966, le premier « lever de Terre » parvient de l'orbite lunaire ; il s'agit d'une image prise par la sonde Lunar Orbiter 1 à laquelle les ingénieurs de la NASA et de Boeing donnent l'ordre de se retourner vers la Terre juste avant de passer derrière la Lune ; en réalité, l'opération n'avait pas été prévue par le protocole officiel de la mission. Diffusée, cette image reçoit très rapidement le titre d'« image du siècle » ; la pétition de Brand serait-elle la cause de ce revirement, de ce retournement ? En réalité, l'image fournie par Lunar Orbiter n'offre pas une vue de la

Terre dans son intégralité ; il faut attendre les missions Apollo et même la dernière d'entre elles pour que le vœu de Brand soit complètement réalisé. Le 7 décembre 1972, les astronautes de la mission Apollo 17 prennent plusieurs photos de la Terre sur leur chemin de retour vers la Terre : la plus célèbre est baptisée *The Blue Marble*. Elle ne tarde pas à voler la vedette à l'image de 1966 pour ne la partager qu'avec *Earthrise*, prise le 24 décembre 1968 par les astronautes d'Apollo 8. Trente ans auparavant, Martin Heidegger avait écrit (prophétisé ?) que l'humanité ne tarderait pas à entrer dans « l'ère de l'image du monde » (*die Zeit des Weltbildes*).

L'histoire de Steward Brand ne s'arrête pas à ce succès. Au slogan de l'USCO, « *We Are All One* », Brand ajoute bientôt une autre formule, une autre idée : « *Do It Yourself* ». Il explique : « Nous sommes comme des dieux et nous devons devenir bons à la tâche. » Il entreprend alors une nouvelle action : l'édition d'un ouvrage qui porte l'image de la Terre entière et le titre de *Whole Earth Catalog*. Il s'agit d'un catalogue d'« outils » (*tools*) : livres, cartes, journaux ; outils de jardinage, de charpenterie, de maçonnerie ; tentes, chaussures de randonnée ; kayaks, canots pneumatiques, etc. Ces outils doivent permettre de développer « le pouvoir des individus de mener leur propre éducation, de trouver leur propre inspiration, de façonner leur propre environnement, et de partager l'aventure avec celui qui est intéressé. » En 2005, soit dix ans après la publication du dernier avatar du catalogue de Brand, Steve Jobs se rappelle : « Dans ma jeunesse, il y avait une publication incroyable intitulée *Whole Earth Catalog*, qui était une bible de ma génération . . . C'était un peu comme Google en format papier, trente-cinq ans avant l'existence de Google. C'était une revue idéaliste débordant d'outils épatants et de notions géniales. » En 1985, Brand donne à sa revue une version électronique : le WELL, *The Whole Earth Lectronic Link*, un système de téléconférence basé sur un ordinateur central à partir duquel il est possible de communiquer en temps réel. L'artiste américain incarne ainsi le lien entre la vue de la Terre depuis l'espace et l'émergence d'une conscience humaine globale, d'une « noosphère » selon le terme inventé par Vladimir Vernadsky. Ce n'est pas là le moindre effet de l'entreprise spatiale.

Overview effect

Du 17 novembre 2016 au 2 juin 2017 a eu lieu la mission Proxima, à bord de la station spatiale internationale (ISS). Thomas Pesquet, l'un des astronautes de cette mission, a su partager avec le public français son enthousiasme, son émotion, son inquiétude devant le spectacle de la Terre, depuis son orbite. « Mon regard a changé, déclare Pesquet, cela m'a donné envie de dire aux gens d'en faire plus pour l'environnement. La chance des astronautes, c'est de faire l'expérience de voir la fragilité de la planète, d'avoir un point de vue global. » Et il conclut : « Si je peux avoir un rôle en tant que citoyen pour encourager les gens à s'engager, je le ferai. »

L'expérience de l'astronaute français n'est pas exceptionnelle : elle est partagée par tous ceux et celles qui rejoignent l'orbite terrestre et par ceux qui ont réalisé le voyage de la Terre à la Lune ; Frank White la décrit sous le vocable d'*overview effect*[23]. Cette expérience constitue probablement l'une des conséquences les plus imprévisibles des vols habités : celui qui est libéré de la gravité terrestre et entreprend le voyage vers les étoiles n'oublie pas la Terre dont il est issu, son berceau pour reprendre le célèbre mot de Tsiolkovski ; au contraire, il en admire l'incroyable beauté et en découvre l'alarmante fragilité. Pourtant, la singularité de l'*overview effect*, de l'effet de surplomb devrions-nous peut-être traduire, ne doit pas nous empêcher de poser quelques questions à son propos.

Une première interrogation doit porter sur les discours qui accompagnent les images prises par les astronautes ou celles obtenues par les satellites d'observation. Pensons simplement à celui, si souvent répété, qui affirme l'absence apparente de frontières depuis l'espace : il est en réalité erroné. Sans même parler des frontières naturelles qui séparent les peuples et les nations (comment nier l'existence de l'Himalaya ou celle de l'océan Atlantique ?), des tracés artificiels sont aussi parfaitement visibles depuis un vaisseau spatial ou une station orbitale ; celui qui sépare aujourd'hui les deux Corées l'est de jour et plus encore de nuit, comme l'explique l'astronaute sud-coréenne Yi So-yeon. Nous devons admettre que le poids des mots peut être aussi important que le choc des photos.

À Berlin en 1933, à l'occasion de l'inauguration d'une exposition consacrée à la photographie, Joseph Goebbels avait partagé son avis de chef de guerre : « Nous croyons à l'objectivité de l'appareil photographique et sommes sceptiques sur tout ce qui est transmis par l'oral ou par l'écrit[24]. » Aux observateurs humains qui avaient jusqu'alors embarqué à bord des aéronefs, aux transmissions par radio assurées par les pilotes eux-mêmes, le responsable nazi affirmait préférer l'image et son objectivité. Au vu des performances des capteurs actuels, grande est la tentation de suivre l'avis de Goebbels et de tout miser sur l'objectivité technique, mécanique, aujourd'hui algorithmique, à coups de pixels, d'instructions informatiques et de simulations. Mais la Terre ne risque-t-elle pas d'y perdre son âme, et les Terriens un peu de la leur ? Les images de la Terre depuis l'espace sont de purs produits de nos technologies, désormais disponibles sur l'écran de nos ordinateurs pour des usages quotidiens, plus ou moins utiles, souvent mercantiles. Et pourtant les Terriens continuent à s'émerveiller devant les photos prises et commentées par les astronautes depuis les hublots de la station internationale, puis abondamment diffusées sur les réseaux sociaux. Comment expliquer cet intérêt, cet engouement, alors même qu'aucune de ces vues n'est nouvelle ou originale pour celui qui possède un minimum de culture spatiale, un accès internet et, dans sa bibliothèque, les ouvrages publiés à la suite de missions habitées précédentes ? Pourquoi cet intérêt, sinon parce que, contrairement à l'avis du ministre de la propagande nazie, les Terriens ont précisément besoin du mot et de l'image, de l'oral et de l'écrit, ceux dont est capable un astronaute, un géographe poète ou un philosophe talentueux. Consciemment ou inconsciemment, les Terriens aiment qu'un surcroît d'âme se glisse entre les pages un peu trop soignées, un peu trop glacées des catalogues de vues satellitaires de notre planète. Même s'il faut sacrifier un peu d'objectivité.

Une deuxième interrogation éthique, à propos des vues de la Terre depuis l'espace, peut porter sur l'apparente fragilité de notre planète qui ajoute un caractère dramatique à l'expérience esthétique de l'effet de surplomb. Comment expliquer cette impression de fragilité ? Grâce aux astronautes et par l'intermédiaire des images satellitaires, l'humanité s'offre le spectacle de l'extraordinaire variété des milieux naturels et artificiels qui constituent aujourd'hui la surface de notre planète, le tout dans un processus dynamique. Le Suisse Claude Nicollier, qui a participé à quatre missions à bord d'une navette américaine comme astronaute de l'ESA, parle du « défilement sans répit », du « renouvellement incessant du paysage survolé » : « Du Maroc à la mer Rouge, le désert du Sahara est traversé en moins de dix minutes. Dix minutes plus tard, on se retrouve au-dessus de l'Himalaya. Splendeur des sommets enneigés, entrecoupés de glaciers, avec, au sud, les plaines brumeuses des fleuves du Gange et du Brahmapoutre, et, au nord, le haut plateau du Tibet, comme parsemé d'innombrables lacs d'un bleu vif[25]. »

Même si elle est artificielle, cette dynamique ou même cette accélération ne contribuent-elles pas à créer cette impression de fragilité dont parlent si souvent les astronautes ? Surtout lorsque les satellites y ajoutent leur capacité à réitérer régulièrement le passage au-dessus d'une même zone et à mettre ainsi en évidence le caractère évolutif, dynamique, de l'environnement terrestre : alternance du jour et de la nuit, alternance des saisons, modification des conditions géographiques, biologiques, hydrologiques, etc. Or, cet aspect dynamique n'est peut-être pas aussi simple à accepter que nous pourrions le penser. Dans l'esprit de beaucoup de nos contemporains, la nature est encore perçue comme une sorte de cosmos, autrement dit comme une réalité fixée une fois pour toutes, ou, pour le moins, dont les variations ne peuvent être que connues et limitées. Toute évolution, tout mouvement de quelque importance sont vécus, interprétés comme une atteinte à la majestueuse et (prétendue) inaltérable beauté du monde dont nous préférons parler en termes de conservation, de préservation, éventuellement de restauration, de rénovation. Constater des évolutions, parfois des bouleversements au sein de la nature peut donc revêtir un caractère dramatique, surtout si ce constat nous met face à nos responsabilités.

Cette fois encore, l'objectivité des images n'est pas suffisante et les mots doivent les accompagner pour ajouter non pas un supplément d'âme mais un supplément d'explications et de conscience. Prenons l'exemple de la réduction de la forêt amazonienne :

les images prises depuis l'espace, dont les premières datent de la fin des années quatre-vingt, dénoncent, mieux qu'un discours et même mieux qu'une carte, ce que les spécialistes appellent le « mitage » de la surface boisée de l'Amazonie, autrement dit son apparence de tissu attaqué par les mites. Toutefois, ces images ne permettent pas seulement d'évaluer le taux de déboisement aujourd'hui estimé à près de 20 % de la surface forestière totale brésilienne au cours des quarante dernières années, soit, a-t-on calculé, l'équivalent de la surface d'un terrain de football toutes les sept secondes. L'observation depuis l'espace peut aussi conduire à nous inter-roger en termes plus qualitatifs : quels sont les procédés d'extraction des bois employés ? À l'aide de quel type de réseau routier sont-ils acheminés ? À quoi correspond le phénomène de verdissement des parcelles déboisées, tel qu'il peut être observé entre deux clichés ? S'agit-il d'une mise en culture, d'un usage pour l'élevage ou tout simplement d'une régé-nération naturelle de la forêt ? « Mise en images », la déforestation ne se trouve plus réduite à des chiffres ; ses enjeux biologiques et écologiques (la gestion de la biodiversité et des ressources génétiques), ses enjeux sociaux, économiques et politiques (la ques-tion de la possession des terres et l'emprise agricole, par exemple) apparaissent plus aisément.

L'époque nous paraît donc éloignée où Antoine de Saint-Exupéry, témoin de l'effet de surplomb mais à l'échelle aérienne, pouvait écrire dans *Courrier Sud* : « Quel monde bien rangé aussi – 3 000 mètres. – Rangé comme dans sa boîte la bergerie. Maisons, canaux, routes, jouets des hommes. Monde loti, monde carrelé, où chaque champ touche sa haie, le parc son mur. Carcassonne où chaque mercière refait la vie de son aïeule. Humbles bonheurs parqués. Jouets des hommes bien rangés dans leur vitrine. Monde en vitrine, trop exposé, trop étalé, villes en ordre sur la carte roulée et qu'une terre lente porte à lui avec la sûreté d'une marée[26]. » À l'image ordonnée, cosmique, si bien décrite par le pilote-écrivain français, fait désormais place celle dynamique d'un monde soumis au changement global. L'image d'une apparente et inquiétante fragilité.

Il faut ici prendre au sérieux la mise en garde de Jeffrey Hoffman, qui par cinq fois est monté à bord d'une navette spatiale : « Il serait naïf de supposer que tout ce que nous avons à faire est de prendre des images de la Terre depuis l'espace et qu'il suffira de promouvoir ainsi une conscience écologique pour que tous les problèmes soient résolus[27]. » En réalité, le choc des photos, le poids des mots ne suffisent pas à déclencher le sentiment de peur que Hans Jonas associe au principe de responsabilité, à une prise de conscience qui soit à la hauteur de la situation. Prendre la vraie mesure de la situation de notre planète ne relève évidemment pas du seul domaine des techniques spatiales ; il revient toutefois à l'espace d'offrir des moyens et des données d'évaluation de cette situation et de prendre conscience que lui-même contribue à fabriquer la Terre.

La Terre est-elle un vaisseau spatial ?

Depuis la fin des années 1950, l'entreprise spatiale nous a fait prendre la mesure de notre condition terrestre, en nous offrant une vision globale de notre propre planète au sein de l'univers. Le 14 février 1990, lorsque la NASA donne l'ordre à la sonde Voyager 1 de réaliser une série de portraits des planètes qu'elle a visitées depuis son départ de la Terre le 5 septembre 1977, notre planète, située à 6,4 milliards de kilomètres, apparaît comme un *Pale Blue Dot*, selon l'expression de Carl Sagan, qui ajoute : « Regardez encore ce petit point. C'est ici. C'est notre foyer. C'est nous. » Et il conclut : « Il n'y a peut-être pas de meilleure démonstration de la folie des idées humaines que cette lointaine image de notre monde minuscule. Pour moi, cela souligne notre responsabilité de cohabiter plus fraternellement les uns avec les autres, et de préserver et chérir le point bleu pâle, la seule maison que nous n'ayons jamais connue[28]. » La Terre n'est donc pas seulement notre berceau que nous pourrions éventuellement ou devrions nécessairement quitter un jour ; elle est pour longtemps encore notre patrie, à laquelle nous ramènent nos courses interplanétaires et même nos regards lancés vers le vide cosmique. Par l'entremise de l'entreprise spatiale, la Terre est redevenue la première destination de l'odyssée humaine. Il n'est donc pas étonnant que les hommes et les femmes de l'espace aiment parler de la Terre comme d'un vaisseau spatial.

L'idée est séduisante, surtout lorsqu'elle est colportée par un astronaute qui peut témoigner à la fois de l'apparente fragilité de notre planète et des soins qu'il convient d'apporter à une structure artificielle aussi complexe qu'une station spatiale, afin qu'elle assure un abri convenable à ses occupants humains au sein d'un milieu aussi hostile que l'espace. Dès lors, ne paraît-il pas évident, explicite et pédagogique de comparer la Terre à un vaisseau spatial et les Terriens à son équipage ? Là encore, il convient de s'interroger sur le bien-fondé d'une telle évidence sémantique.

Apparemment, nous devons cette idée à Richard Buckminster Fuller. Cet architecte et futuriste américain, célèbre pour ses dômes géodésiques, aurait employé l'image du « vaisseau spatial Terre » dès le début des années 1950 ; mais elle devient vraiment célèbre avec le début de l'ère spatiale et, finalement, la publication en 1969 de l'un de ses principaux ouvrages : *Operating Manual for Spaceship Earth*. Dans cet essai, Fuller décrit la situation de l'humanité et les défis auxquels elle est confrontée ; il prône une vision globale et une approche systémique, il promeut un esprit d'innovation et une action locale. Pour assurer la viabilité ou simplement la survie de l'espèce humaine sur une planète aux ressources limitées et, pour beaucoup d'entre elles, non renouvelables, il faut impérativement/ "faire plus avec moins". Le propos de Fuller n'est pas véritablement alarmiste ; il est plutôt celui d'un architecte convaincu qu'il serait possible d'acquérir une connaissance suffisamment approfondie des

systèmes vitaux et régénératifs de la Terre pour
en maîtriser le fonctionnement et éviter une crise
majeure ; autrement dit, de faire de notre planète
un véritable artefact technique, une machine. Fuller
conçoit le vaisseau spatial Terre comme les dômes
géodésiques dont il est l'inventeur ou les navires sur
lesquels il a servi comme militaire ; seule une vision
technocratique et une mobilisation générale lui
paraissent convenir pour diriger le vaisseau spatial
Terre et le maintenir « à flot ». À l'époque de la publication du *Manuel* comme, ensuite, lors de la reprise de
certaines idées de Fuller par James Lovelock et son
hypothèse Gaïa (ce scientifique anglais considère la
Terre comme un unique organisme vivant), les critiques ne manquent pas pour dénoncer les dangers
et les risques d'une technocratie planétaire, d'une
suppression de la démocratie au profit d'un pouvoir
totalitaire : selon Fuller, le maître du vaisseau (qui
ne peut être qu'un ingénieur-architecte) doit en effet
imposer un contrôle strict pour affronter la limitation, parfois la pénurie, des ressources naturelles et
la croissance de la population.

À côté d'un examen critique des propos de la géo-
ingénierie et de l'idée selon laquelle le développement des technologies de demain pourrait résoudre
tous les désordres, les excès, les catastrophes provo-
quées par les technologies d'hier et d'aujourd'hui,
la métaphore du vaisseau spatial terrestre conduit
aussi à poser des questions qui appartiennent aux
sciences humaines et morales avec un concept issu
de la science-fiction, celui des vaisseaux généra-
tionnels. Le principe est simple : seuls des vaisseaux

spatiaux capables d'abriter des dizaines de générations successives d'explorateurs ou de fugitifs pourront (éventuellement) rejoindre d'autres systèmes
stellaires, d'autres galaxies. Ceux qui les ont imaginés (Robert H. Goddard, Konstantin Tsiolkovski,
John D. Bernal) parlent de vaisseaux-colonies, de
vaisseaux-mondes ou encore d'arches spatiales.

L'idée de faire vivre un groupe humain dans un
vaisseau durant plusieurs générations et en toute
autonomie est fascinante : il faut assurer leur respira-
tion, leur alimentation, leur protection vis-à-vis du
rayonnement cosmique, la gestion de l'apesanteur,
mais aussi leur gouvernement, leur reproduction et,
en fin de compte, leur motivation ; bref, construire
une véritable biosphère, une authentique petite
planète Terre. Il s'agit d'un défi non seulement
scientifique et technologique, mais également social,
politique, juridique ; c'est pourquoi les sciences
humaines se sont également intéressées aux projets
de vaisseaux-mondes qui présentent les allures
d'une utopie.

Sera-t-il facile de sélectionner les milliers
d'habitants de ces vaisseaux, d'en gérer l'existence
individuelle et collective, la santé génétique et mentale, la reproduction ? Il est toujours possible et souvent aisé de se référer au passé de l'humanité, à la
taille modeste des populations migrantes ; mais en
connaissons-nous les lois de fonctionnement ? Les
accepterions-nous à bord d'un vaisseau génération-
nel ? Il semble nécessaire d'y instaurer des règles
et des politiques assez fermes en matière de contrôle des naissances, d'avortement thérapeutique,

d'euthanasie, de recours à des techniques avancées de procréation médicalement assistée ou même de génie génétique, etc. L'eugénisme devra-t-il y être explicitement reconnu ? Faudrait-il recourir à des techniques qui appartiennent aujourd'hui au domaine du transhumanisme pour embarquer des humains à bord de vaisseaux-mondes ? À ces délicates questions s'ajoutent d'autres : comment gérer le risque de déperdition du savoir dans une société repliée sur elle-même ? Comment éviter que les voyageurs oublient la mission à laquelle ils participent ? Comment motiver les générations intermédiaires, celles qui n'auront pas connu l'existence sur Terre et ne parviendront jamais à l'hypothétique destination ? Là encore, il y a matière à méditer au regard du cours actuel des affaires humaines et terrestres, lorsque les différentes limites de notre planète « fabriquée », de notre propre vaisseau spatial deviennent de plus en plus évidentes et pourraient être prochainement atteintes. Faut-il pratiquer jusqu'à ce point l'exercice utopique, l'interrogation éthique, poser des questions qui « fâchent » ou sont considérées jusqu'à ce jour comme « politiquement incorrectes » ? Il ne fait aucun doute que la distinction entre le but et la destination, introduite par le rapport Augustin en 2009, se révèle ici d'une grande pertinence. Que l'objectif soit notre Terre ou l'espace à explorer.

Chapitre 6 :
L'odyssée de l'espace

Pourquoi faire entrer la date du 8 septembre 1966 dans le calendrier de l'histoire de l'exploration de l'espace ? En février de la même année, les Soviétiques ont réussi à poser la sonde Luna 9 à la surface de la Lune et, un mois plus tard, à « impacter » la planète Vénus avec la sonde Venera 3. Au mois de mars, les Américains ont réalisé le premier amarrage spatial entre Gemini 8 et un vaisseau Agena, puis, en août, ont entamé une cartographie de la Lune à l'aide de la sonde Lunar Orbiter 1 ; ils préparent la mission d'Apollo 1 pour le début de l'année suivante. Alors pourquoi la date du 8 septembre 1966 ? Parce que, ce jour-là, est diffusé le premier épisode de la série *Star Trek* et que, pour la première fois, les téléspectateurs entendent l'accroche désormais célèbre : « Espace, frontière de l'infini vers laquelle voyage notre vaisseau spatial, l'Enterprise. Sa mission de cinq ans : explorer de nouveaux mondes étranges, découvrir de nouvelles vies, d'autres civilisations et, au mépris du danger, avancer vers l'inconnu. »

Contemporaine des premiers pas de l'homme dans l'espace, *Star Trek* occupe une place singulière dans l'arrière-fond culturel spatial. Après les œuvres de Jules Verne ou de Chesley Bonestell et avec le film *2001 : A Space Odyssey* (1968), la série télévisée offre à l'exploration spatiale une véritable icône ; tout à la fois, elle l'inspire et elle l'incarne. Grâce à la diffusion de *Star Trek*, personne ne peut plus ignorer que l'espace est, pour l'humanité, la frontière vers l'infini, l'ultime frontière. Comment pouvons-nous comprendre, interpréter cette fameuse formule ?

Nous explorons comme nous respirons

Dans le *Léviathan*, Thomas Hobbes propose que « le désir de connaître le pourquoi et le comment [soit] appelé curiosité. » Et l'explorateur du pôle Nord Fridtjof Nansen justifie ses propres expéditions au pôle Nord de la manière suivante : « L'histoire de la race humaine est un combat permanent des ténèbres avec la lumière. Il n'y a donc pas à discuter de l'usage de la connaissance ; l'homme veut savoir et lorsqu'il cesse de le vouloir, il n'est plus un homme. » La curiosité, l'envie de connaître le pourquoi et le comment des choses et des êtres serait donc le principal ressort de l'exploration qui inspire et sous-tend une si grande partie de l'histoire de l'humanité. Faut-il faire de l'exploration uns singularité humaine ? Les biologistes, en particulier les éthologues, ne manquent pas d'observer chez de nombreux animaux des comportements qui relèvent assurément de la curiosité. Il suffit d'un mouvement, d'une chose, d'un être

inhabituel, insolite, extraordinaire dans leur environnement pour que les oreilles du chien se dressent,
que les yeux du chat s'ouvrent, que l'homme sursaute ;
leur attention est mise en éveil, en alerte, pour se
transformer en crainte, en effroi, en mouvement de
fuite ou, au contraire, en étonnement, en attrait, en
curiosité. Accorderons-nous au chat qui joue avec
son ombre ou avec celle de son maître non seulement
le désir de connaître le comment de ce phénomène
mais aussi et pour le moins l'expérience de son inca-
pacité à le comprendre ? Sans doute, car, même s'il ne
peut rien en exprimer, ses sauts et ses coups de patte
désespérés laissent supposer la montée d'une forme
de désarroi ou d'énervement que le chat ne montre
pas lorsqu'il suit les manœuvres désespérées d'une
de ses proies. En revanche, le pourquoi, l'origine du
phénomène optique n'appartient probablement pas
à son horizon de conscience. Dans l'état actuel de nos
connaissances, c'est uniquement à l'être humain que
nous prêtons le pouvoir de (se) poser de telles interrogations qui appartiennent presque au domaine de
la métaphysique. Et ce pouvoir provient sans doute
d'une capacité qui paraît réservée aux humains : celle
d'imaginer.

L'imagination : c'est parce qu'ils sont capables
de s'absenter de leur propre immédiateté, de se pro-
jeter dans un ailleurs, de traverser les frontières de
l'espace et du temps, que les êtres humains se posent
et sont habités par la question du pourquoi. L'enfant
qui assaille ses parents de la sempiternelle interrogation : « Dis, papa, dis, maman, pourquoi . . . ? »
la pose parce qu'il se découvre capable, grâce à son

imagination, de prendre de la distance par rapport à un événement ou, au contraire, capable de s'y croire participant ou de prendre la place, la condition d'un autre être que lui. C'est là notre commune expérience, lorsque nous nous interrogeons sur le pourquoi, autrement dit sur l'origine et le but, sur le sens et la finalité, de nos existences, entre les deux expériences uniques qui sont celles de la naissance et de la mort. Le ferions-nous si nous étions dénués de toute imagination ?

L'alliance de la curiosité et de l'imagination paraît donc propre aux êtres humains et serait l'une des principales motivations de leurs entreprises d'exploration, individuelles et collectives. Car ils n'ont jamais exploré d'autres mondes que ceux qu'ils ont d'abord imaginés, d'autres mondes que ceux auxquels ils ont d'abord rêvé. Ils n'ont jamais exploré d'autres territoires que ceux dont ils ont tracé sur leurs cartes les hypothétiques contours, qu'ils ont peuplés d'êtres extraordinaires ou laissés inhabités. Il s'agit des fascinantes *terrae incognitae* des anciens, des vertigineuses *final frontiers* des modernes, qui ne servent pas seulement à remplir l'espace au-delà de l'horizon géographique, à entretenir la curiosité des plus aventureux humains, mais aussi à offrir des bribes de réponse aux interrogations les plus importantes, celles de nos origines et de notre destin, celles de notre identité et de la possible existence d'autrui. L'exploration n'est pas un jeu (un « faire sans pourquoi » disent les philosophes), mais l'une des entreprises humaines les plus sérieuses et les plus communes qui soient : nous explorons comme nous respirons.

La naissance d'un petit d'homme marque son entrée dans le cercle des explorateurs : il est brutalement expulsé, chassé du paradis originel dans lequel il a vécu durant neuf mois. Il est plongé dans un monde qu'il avait jusqu'alors perçu et, sans nul doute, imaginé au travers de l'horizon que constituait le ventre de sa mère. En un instant, il découvre l'air, la lumière, les bruits, les odeurs, les chocs, le tout sans le délicat filtre maternel. Et il commence à respirer. Première inspiration, première expiration. Le déploiement des alvéoles pulmonaires ressemble au claquement des voiles de l'explorateur sous l'effet d'une tempête. Une souffrance ultime, un cri déchirant, avant que le calme revienne, que le souffle s'installe. Jusqu'à sa mort, le petit d'homme ne cesse plus d'inspirer et d'expirer, d'aspirer et de rejeter, de concentrer et de dilater l'air indispensable à sa vie, parfois à sa survie. Et il ne s'agit pas seulement d'air : le monde intérieur et le monde extérieur, le soi et le non-soi, le connu et l'inconnu ne cessent plus, durant toute la vie d'un être humain, de se croiser, de s'échanger, de s'affronter, de se bousculer aux portes de nos sens, aux comptoirs de nos savoirs, aux frontières de notre conscience. Oui, l'homme explore comme il respire et respire comme il explore.

L'exploration est et restera toujours une entreprise dramatique qui ne peut éviter les larmes, les cris, les pleurs, qu'ils soient de joie et de plaisir, de tristesse et de souffrance. L'exploration est une entreprise humaine, terriblement et magnifiquement humaine qui ne trouve jamais d'autre issue que celle de la mort. *Usque ad mortem*, jusqu'à la

mort, car tel est le terme ultime de l'humaine exploration. Pour les humains, l'exploration paraît donc
plus qu'une évidence.

Qui va là ?

La nouvelle *The Sentinel*, rédigée par Arthur C.
Clarke, et plus encore *2001 : A Space Odyssey*, le film
réalisé par Stanley Kubrick à partir de cette nouvelle,
mettent en scène l'une des principales dynamiques
de l'histoire humaine et de ses multiples épisodes
d'exploration : la recherche, la quête de l'autre. De
la confrontation de nos parents primates à coups
de pierre et d'os à l'énigmatique retour vers la
Terre du héros sous la figure d'un fœtus, en passant
par son affrontement avec le froid entêtement de
l'ordinateur HAL, le tout sous l'influence du mys-
térieux monolithe extraterrestre, Kubrick et Clarke
ne nous racontent rien d'autre que l'ancestrale fascination de l'esprit humain pour la question de la
possible existence d'un autre que lui-même. Voisin
de caverne ou *alter ego* construit à l'aide de puces
électroniques, puissance ennemie de l'autre côté de
la frontière ou hypothétique habitant d'une autre
galaxie, qu'importe son identité : autrui nous poursuit comme son ombre. Mais, en fin de compte et au
terme de la quête menée par chacun d'entre nous,
l'ultime inconnu, le dernier *alter ego* que chacun
d'entre nous doit découvrir est lui-même : « Je est un
autre », écrit le poète français Arthur Rimbaud à son
ami Paul Demeney, dans une lettre du 15 mai 1871.
Que le lecteur se rassure : l'éthique spatiale n'est

pas obligée d'entrer davantage dans l'interrogation philosophique et l'introspection psychologique sur soi-même ! Mais, comme je l'écrivais précédemment, aucun explorateur n'échappe à la question de sa propre identité, ni de ses propres origines : nous confronter à l'inconnu peut sans doute contribuer à la construction de nous-mêmes, à la construction de notre fierté nationale, mais aussi nous bousculer et mettre à l'épreuve notre commune identité.

Remarquons-le : les cultures humaines n'ont pas attendu que soit achevée l'exploration de notre planète pour imaginer des êtres plus extraordinaires encore que les habitants des *terrae incognitae,* des terres encore inconnues. Les démons et les anges ont peuplé les mondes inférieurs et supérieurs, les uns pour entretenir les feux chtoniens et infernaux, les autres pour virevolter dans l'éther céleste et assurer l'animation chorale du paradis ; bien des figures divines relèvent d'un processus psychologique, mythologique et culturel analogue. Et si j'ajoute que le terme d'extraterrestre a longtemps servi de synonyme à celui de surnaturel, le lecteur aura compris que je considère la ou plutôt les figures actuelles des *aliens,* des martiens et autres extraterrestres, comme des avatars modernes de ces « autres » qui, je le répète, accompagnent l'espèce humaine comme son ombre, depuis ses plus lointains commencements.

L'astrobiologie est aujourd'hui le domaine de la recherche scientifique qui rassemble et concentre la plupart des efforts engagés pour répondre à la question d'autrui. Est-elle une science sans objet ? Ceux qui le nient sont persuadés qu'il y a de la

vie non seulement ailleurs, mais partout ailleurs :
« Nous ne sommes pas à la poursuite d'un Graal »,
dit l'un d'eux, Michel Dobrijevic. Parmi ces partisans
d'une vie extraterrestre abondante, nombreux sont
les physiciens qui appliquent des calculs de probabilité au nombre effarant de galaxies que compterait
notre (seul) univers et au nombre tout aussi effarant
d'étoiles et de planètes qui formeraient chacune de ces
galaxies. Leurs contradicteurs pensent au contraire
que seule la Terre a pu être le siège de l'émergence
de structures biologiques aussi complexes que celles
qui peuplent notre planète et qui exigent des conditions d'émergence si particulières ; ces chercheurs
appartiennent souvent au monde de la biologie.
Autrement dit, le débat s'inscrit entre ceux pour qui
les scientifiques ne doivent pas se laisser enfermer
dans une conception de la vie trop anthropocentrée
ou trop géocentrée (autrement dit une vision qui a
l'être humain ou la Terre comme seules références),
et ceux pour qui la vie obéit nécessairement à des
critères biochimiques proches de ceux que nous
connaissons sur Terre. « L'exploration planétaire, *de
visu* puis *in situ*, constate Charles Cockell, a [. . .]
presque toujours montré que nous étions un peu
trop enclins à lâcher la bride de notre imagination.
Nous avons dû faire machine arrière bien des fois et
en revenir à des espoirs moins ambitieux en matière
de vie martienne présente ou passée. Pourtant, sur
Terre, la diversité du vivant est extraordinaire... » Le
zoo, terrestre ou extraterrestre, rappelle le chercheur
du British Antarctic Survey, possède des grilles, des
limites dans le jeu des possibles. Et de conclure :

« Mon opinion reste que notre zoo terrestre représente plutôt la norme. Du coup, se fonder sur les critères qui définissent son périmètre ne paraît pas un facteur d'erreur inacceptable pour la recherche de la vie dans l'Univers[29]. »

Définir le périmètre du vivant est en effet le premier défi à relever par les astrobiologistes. La question n'est pas seulement scientifique ; elle prend rapidement un tour philosophique, puisqu'elle concerne la notion même de vie et rappelle le mot d'Augustin d'Hippone dans ses *Confessions* à propos du temps : « « Qu'est-ce donc que le temps ? Si personne ne m'interroge, je le sais ; si je veux répondre à cette demande, je l'ignore. » Aujourd'hui, un être vivant pourrait être défini comme une entité capable de se dupliquer et d'évoluer, grâce des mécanismes métaboliques propres et à l'usage des sources d'énergie disponibles (chaleur ou rayonnement solaire par exemple). Déjà, les virus appartiennent aux marges du vivant, puisqu'ils ont besoin de l'ADN d'autres organismes pour se dupliquer. Avec le prion, responsable de l'encéphalopathie spongiforme bovine (ESB), la situation se complique encore : il s'agit d'une entité pathogène, transmissible et pourtant non vivante ; le prion n'est qu'une protéine singulière, extrêmement difficile à détruire avec les procédés actuels de stérilisation. Dès lors, rechercher et analyser des formes de vie, identifier des marqueurs biologiques fiables (autrement dit des molécules ou des composés organiques caractéristiques du vivant) apparaît comme un véritable défi lancé aux biologistes contemporains. Dans le même temps et depuis quelques dizaines d'années, la découverte d'extrêmophiles, autrement dit d'organismes vivant dans des conditions réputées jusqu'alors « inhabitables », n'a pas seulement surpris les biologistes ; elle a aussi conduit à revoir entièrement l'arbre phylogénétique du vivant sur Terre. Ainsi, la révolution provoquée par les astrobiologistes enrichit la question du vivant et de ses origines : le « Qui va là ? » des sentinelles s'adresse désormais aussi bien aux hypothétiques organismes extraterrestres qu'aux organismes terrestres.

Si la question de l'identité de l'autre peut rester purement théorique, relever des seules contraintes de la connaissance, elle devient pratique lorsque doit être envisagée une possible rencontre, une « rencontre du 3e type » selon la classification dite de Hynek[30]. Sans imaginer le moindre UFO, le moindre vaisseau extraterrestre ou soucoupe volante, la question se pose dès aujourd'hui aux scientifiques qui doivent gérer l'envoi d'engins terrestres et d'humains sur un autre corps céleste que la Terre ou le retour de ces engins, de ces humains sur Terre ou d'échantillons extraterrestres. Qu'il s'agisse de réduire les risques de contamination de la Terre et des organismes terrestres, des astronautes ou des planètes explorées, ce que les scientifiques et les ingénieurs qualifient aujourd'hui de protection planétaire constitue probablement l'un des plus importants défis de l'exploration spatiale puisqu'il concerne directement et précisément un champ du savoir humain encore inexploré, pour lequel la question « Qui va là ? » n'a reçu que très peu de réponses.

La politique de protection planétaire du COSPAR

Le COSPAR (Committee on Space Research) est un groupe international chargé d'organiser les travaux scientifiques associés à l'exploration spatiale ; il a été créé en 1958 par le Conseil international pour la science.

Le COSPAR a progressivement établi des règles de protection planétaire qui dépendent de la nature de la mission spatiale et du corps céleste visé. Le risque de contamination et le besoin de protection sont considérés comme croissants du simple survol du corps planétaire (le risque est alors lié à une éventuelle erreur de navigation qui ferait s'écraser la sonde spatiale) à l'atterrissage et au déplacement sur la planète, en passant par une mise en orbite autour de la planète ou un atterrissage avec une station fixe. Le risque de contamination et le besoin de protection dépendent également du corps céleste visé dont les propriétés peuvent être considérées comme plus ou moins favorables à la vie.

Le COSPAR a ainsi défini cinq catégories de mission :

* Catégorie I : Mission vers des corps célestes pour lesquels l'étude de l'évolution chimique ou biologique ne présente aucun intérêt. Sont concernés la Lune, Mercure, Vénus et les astéroïdes non carbonées sur lesquels la probabilité de survie d'un micro-organisme est très faible. Aucune mesure particulière n'est requise.

* Catégorie II : Mission vers des corps célestes dont les caractéristiques font que la compréhension de l'évolution chimique ou l'évolution de la vie présentent un intérêt notable mais où la probabilité qu'une contamination par une sonde spatiale puisse nuire aux explorations futures est réduite. Il s'agit de Jupiter, Saturne, Uranus, Neptune, Pluton, les comètes et les astéroïdes carbonées. Les recommandations consistent à une documentation qui indique les sites d'impact potentiels et les stratégies d'impact, ainsi qu'à un rapport postérieur à l'impact ou à l'atterrissage qui permet de localiser le point d'arrivée.

* Catégorie III : Missions de survol ou de mise en orbite vers des corps célestes dont les caractéristiques font que la compréhension de l'évolution chimique ou l'évolution de la vie présentent un intérêt notable où la probabilité qu'une contamination par une sonde spatiale puisse nuire aux explorations futures est significative. Sont concernés la planète Mars, les satellites Europe et Encelade. Les recommandations du COSPAR consistent en une documentation similaire à la catégorie II, à la réduction des risques de crash, à l'intégration de la sonde spatiale dans une salle blanche, éventuellement à la limitation contrôlée du nombre de micro-organismes, à la documentation des composants organiques embarqués (ergols, etc.).

* Catégorie IV : Missions de sondes atmosphériques, d'atterrisseurs et de rovers vers des corps célestes dont les caractéristiques font que la compréhension de l'évolution chimique ou l'évolution de la vie présentent un intérêt notable où la probabilité qu'une contamination par une sonde spatiale puisse nuire aux explorations futures est significative. Il s'agit là encore de Mars, d'Europe et d'Encelade. Les recommandations du COSPAR sont les suivantes : une documentation détaillée, une intégration de la sonde spatiale dans une salle blanche avec une limitation du nombre de micro-organismes sous un seuil donné, éventuellement la stérilisation complète du vaisseau.

* Catégorie V : Missions ramenant sur Terre un échantillon du sol d'un autre corps céleste quel qu'il soit. L'objectif est d'éviter la contamination de la Terre par des organismes étrangers. Les recommandations du COSPAR sont d'éviter tout impact destructif à la surface de la Terre de la capsule de retour, un retour de l'échantillon dans un container étanche, une analyse des échantillons dans un environnement confiné.

Le COSPAR a prévu des sous-catégories pour IV et V, selon les instruments utilisés (recherche de vie ou non), les sites visités, les planètes dont sont issues les échantillons.

L'humanité a définitivement perdu son innocence. Plus de trente ans après l'accident de Tchernobyl et vingt-cinq ans après la conférence de Rio de

Janeiro, alors que les indices d'un réchauffement global de la planète s'accumulent et que s'affirme la dégradation des ressources et des milieux naturels, elle a pris conscience d'être en train de perturber dramatiquement le fragile équilibre de la Terre, aussi momentané que puisse apparaître cet équilibre à l'échelle des temps cosmiques. Et nombreux sont nos contemporains à se demander si nous serons capables de traverser ce « siècle de menaces » (Jacques Blamont) qui a débuté en même temps que le nouveau millénaire. Lorsqu'ils apprennent que l'activité spatiale a exporté cette terrible capacité à perturber l'environnement jusque dans l'espace circumterrestre, puis extra-atmosphérique, ces mêmes contemporains sont donc en droit de se poser quelques questions. Que valent désormais nos mesures de précaution, surtout au regard des enjeux économiques ou politiques ? Qu'attendre du droit spatial et des principes posés il y a cinquante ans ? Quelle responsabilité pouvons-nous honnêtement et raisonnablement assumer vis-à-vis de planètes encore inconnues ou imparfaitement connues ? Une planète susceptible d'abriter des formes de vie ou des précurseurs peut-elle, doit-elle être protégée contre toute intrusion biologique terrestre ? Les questions sont d'autant plus réelles que le « mal » risque d'être accompli rapidement et, sans doute, irréversiblement. Sans parler du risque, en retour, de contaminer notre propre planète. Rien d'étonnant dès lors si les propos des médias et de l'opinion publique sont le plus souvent critiques à l'égard des acteurs spatiaux, de leurs projets, de leurs engagements, lorsqu'est abordée la question de la pollution spatiale (voir ensuite : « L'espace est-il devenu une poubelle ? »). Rien d'étonnant non plus si ces mêmes acteurs évitent d'user de ces termes de contamination, de pollution : informer d'un état qui échappe à la normalité est un art délicat de l'équilibre entre provoquer la panique et assoupir la vigilance. L'interrogation éthique peut y jouer son rôle.

Le risque appartient au futur

À la question « Qui va là ? » s'ajoute ici une autre question qui traverse l'histoire moderne des sciences et des techniques, comme celle de l'humanité tout entière : de quel droit et jusqu'à quel point pouvons-nous modifier la nature, autrement dit créer volontairement et artificiellement une altérité ? Cette question possède d'autres formulations : existerait-il des limites aux activités humaines selon qu'elles s'inscrivent dans un processus naturel ou, au contraire, le transgresse ? Des réponses proposées par les scientifiques dépend une grande part de la réaction de l'opinion publique. Certains d'entre eux avancent effectivement l'hypothèse selon laquelle la contamination biologique croisée est un phénomène commun et fréquent entre les corps du système solaire, depuis sa formation il y a environ 4, 5 milliards d'années ; les « responsables » en sont les chutes de comètes chargées d'eau et de composés chimiques organiques, d'astéroïdes et de météorites « éjectés » d'autres planètes. Dès lors, en transportant des organismes vivant sur Terre vers une autre planète, l'humanité accomplit-elle autre chose qu'un processus qui appartient à la nature ? Une fois réglée la question de la protection planétaire dans le cadre scientifique de l'étude d'organismes extraterrestres, cette question mérite d'être posée. Elle illustre le bien-fondé de l'avis d'un de mes collègues du CNES à propos de l'éthique : « Prendre au sérieux le questionnement éthique, ce n'est pas nous empêcher de travailler aujourd'hui ; c'est plutôt nous engager pour l'avenir. » Au désir de connaître, à l'effort d'explorer, l'obligation de choisir exige alors d'ajouter une conscience raisonnable du risque.

Il n'est pas question d'élaborer ici une histoire ni une philosophie du risque, mais seulement de décrire les principaux éléments qui décrivent sa compréhension par nos sociétés modernes, influencées et même construites par les connaissances scientifiques et les progrès techniques.

Constatons d'abord comment, pour découvrir le risque ou, plus exactement, pour en élaborer une version moderne et en faire l'expérience, les humains ont dû non pas changer de monde mais plutôt de conception du monde, en particulier rejeter celle du cosmos dont j'ai précédemment donné la description (« une belle totalité ordonnée »), avec ses fondements philosophiques, ses assurances religieuses. Pour cela, il a fallu le courage des explorateurs pour franchir les frontières terrestres et maritimes, le travail des astronomes pour penser un univers illimité au lieu d'un cosmos clos sur lui-même, le défi des philosophes pour affronter le drame d'une humanité débarrassée de l'assurance que confère la croyance en une providence toute-puissante et pour annoncer la mort de Dieu. Il a fallu convoquer le hasard, non pas à la manière des pratiques ludiques et divinatoires d'antan, mais pour le décrire, le calculer et, ainsi, tenter de le gérer. Ce fut d'abord le travail des mathématiciens : à la fin du XVIIᵉ siècle, ceux-ci posent les bases de l'art des probabilités et définissent l'espérance mathématique comme une sorte de centre de gravité entre toutes les conséquences possibles d'un même processus, d'un même événement, qu'elles soient réussies ou ratées, fastes ou néfastes, bénéfiques ou maléfiques. Il n'est plus question de se reposer sur une assurance cosmique ni sur un destin : l'être humain doit décider par lui-même, à partir d'une valeur estimée de ses actes et de leurs conséquences. Il doit devenir un calculateur et, en même temps, assumer la responsabilité de ses choix comme de ses actes. Il doit désormais se montrer plus fort que les dieux.

L'histoire de l'astronautique moderne est suffisamment fournie en programmes morts-nés, en procédures de lancement avortées, en fusées explosant sur leur pas de tir ou à quelques kilomètres d'altitude, en sondes perdues, en capsules et en stations accidentées, pour que ses acteurs s'emploient systématiquement à calculer les risques encourus par les machines qu'ils construisent, par ceux qui les emploient ou par ceux qui les empruntent. Jamais ils n'ont réellement cru à ce qu'il est de coutume d'appeler le risque zéro et qui correspond plutôt à l'échec zéro ; avec François Ewald, ils reconnaissent que l'être humain est « un animal voué au risque » et que, dans bien des situations, il ne lui est plus possible d'imputer les situations de menaces et d'échecs à des causes externes. « Les sources du danger ne sont plus l'ignorance, explique Ulrich Beck, mais le savoir, non plus une insuffisante maîtrise de la nature, mais une maîtrise perfectionnée de cette même nature[31]. » Ainsi et plus généralement, défini comme l'effet conjugué du hasard et de la nécessité, le risque constitue l'un des principaux éléments de la condition de l'homme moderne. Pour autant, il ne lui confère aucun sens, aucune fin en soi : le risque est un élément plus ou moins prospectif qui se trouve périmé au fur et à mesure de l'écoulement du temps ; il n'appartient jamais au passé, au soupir nostalgique ou satisfait, mais au contraire au futur. Et donc à l'exploration.

Interroger un projet d'explorer en introduisant la perspective du risque, c'est poser la question de son opportunité. Ainsi, qu'en est-il de son opportunité dans le temps ? Est-ce bien le moment ou ne vaudrait-il pas mieux surseoir un démarrage, instaurer un délai, poser un moratoire ? De même, qu'en est-il de l'opportunité de ses moyens ? De nombreuses promesses de frontières à franchir, de mondes à découvrir, de peuples à rencontrer, de trésors à exploiter ont été faites, répétées, défendues, sans que leurs auteurs possèdent les moyens humains, financiers ou techniques de les tenir. Avant même que les vaisseaux ne quittent le port, les caravanes le dernier poste connu, les fusées leur pas de tir, les esprits plus lucides doivent prendre le temps et les moyens d'estimer la probabilité de succès de la mission. Le monde de l'astronautique ne doit pas oublier le drame humain provoqué par l'accident de la navette Challenger ou celui, humainement moins lourd, qu'a constitué l'accident de la sonde Mars Climate Orbiter ; en 1999, cette dernière a raté sa mise en orbite autour de Mars et a brûlé dans l'atmosphère martienne, parce que les équipes de l'industriel Lockheed et de la NASA n'avaient pas utilisé les mêmes unités de mesure. Qu'en est-il enfin de l'opportunité morale ? Il faut apprendre à résister à la pulsion de l'ingénieur, à ne pas faire, ni entreprendre pour la simple raison que nous prétendons en être capables ou posséder le savoir *ad hoc*. Le « *We Can Do It* » a d'autres limites que celles de la connaissance acquise, de la puissance disponible. Je parle d'opportunité morale, car il doit en être ici comme de la loi édictée par David Hume qui interdisait le passage logique de l'être (*is*) au devoir être (*ought*) : tout ce qui est possible n'est pas souhaitable pour la seule raison, même donnée et certifiée par les scientifiques et les ingénieurs, qu'il est réalisable. Pour avoir souvent été et être encore en grande partie le « fait du prince », l'exploration spatiale ne doit pas non plus être le seul fait des scientifiques et des ingénieurs, dès lors que sont mis en œuvre des moyens publics et en péril des vies, surtout celles de non-professionnels, parfois celles de populations entières. Ainsi l'exploration pourra-t-elle rester le propre et la fierté de l'humanité tout entière.

Chapitre 7 :
L'espace en questions

Je l'ai suffisamment expliqué et abondamment illustré : l'éthique est d'abord une attitude, une pratique interrogative. Pourquoi ? Comment ? Avec quelles conséquences ? Il n'est pas seulement utile, il est aussi indispensable de poser ces questions afin de donner et de conserver à nos activités un caractère véritablement humain, afin de les intégrer aux sociétés de leur époque, afin de les entreprendre dans un souci de responsabilité et de durabilité (pour traduire imparfaitement la notion de *sustainability*).

Les pages qui précèdent avaient pour objectif de fournir des moyens d'engager ce type d'interrogation et d'y apporter des éléments de réponse. Dans celles qui suivent, je voudrais résumer et compléter mon propos en abordant quatre questions qui me sont fréquemment posées.

L'espace est-il devenu une poubelle ?

Cette question est très souvent posée aux acteurs de l'espace, en tout premier lieu aux agences spatiales ; à étudier les médias et les sujets spatiaux qu'ils traitent de préférence (en dehors des événements particuliers), elle serait même leur favori. Cette question doit donc être prise au sérieux et, pour être traitée, exige deux précisions préalables.

Polluer, c'est humain

Nous parlons de débris, de déchets, de rebuts et de nuisance ou encore de salir, polluer, contaminer, vicier. Qu'importent les termes, l'essentiel est de poser d'emblée un constat : polluer est humain et même naturel. Car le déchet, le débris ou l'ordure sont les traces les plus immédiates et le plus souvent obligées non seulement des activités humaines mais plus généralement de la présence d'organismes vivants. À une époque et dans une culture qui se montrent soucieuses de santé et de propreté, de protection et de conservation, nous avons souvent oublié l'évidence suivante : tout être, lorsqu'il respire, marche, se nourrit, dort ou se reproduit, produit des résidus, du seul fait qu'il est vivant. La plupart du temps, la gestion de ces résidus échappe ou indiffère à celui qui en est la cause, en particulier parce que les processus biologiques qui permettent de récupérer, de transformer et de réutiliser à de nouvelles fins les déchets sont innombrables et généralement efficaces. Sans eux, les déchets encombreraient rapidement et inexorablement la moindre niche, microbiologique ou écologique. L'être humain, parce qu'il appartient à la nature, s'inscrit et inscrit une part de ses activités dans ces cycles naturels : l'air vicié de ses poumons rejoint l'atmosphère, ses eaux usées les rivières et le filtre des nappes, ses fèces l'humus du sol. Sans même parler de son cadavre, quels que soient les rites funéraires.

Mais l'homme n'est pas seulement un être de nature ; il est aussi un être de culture et, depuis son émergence à la surface du globe terrestre, il a développé des activités étrangères à la nature et à ses procédés. Le chasseur et le cueilleur sont devenus des cultivateurs qui usent d'intrants et produisent des déchets jusqu'alors inconnus. Le marcheur est devenu un automobiliste, un marin ou un aviateur, qui élargissent les zones d'occupation humaine, transportent avec eux et en des endroits inhabituels non seulement le nécessaire et le surplus à leur propre survie, mais aussi d'autres espèces, domestiques ou parasites. L'occupant des cavernes a construit des maisons, des édifices, des immeubles qui peuvent rompre l'équilibre des environnements et le bon déroulement de leurs cycles. Ainsi, aux résidus naturels, l'homme a ajouté, depuis longtemps déjà, ceux de ses propres activités techniques et culturelles, ceux dont la « destinée » dépend par conséquent de ses facultés de conscience et de raison, de prévision et de décision. Ces résidus, de par leur origine même, n'entrent pas nécessairement et même rarement dans les cycles naturels d'élimination et de transformation ; ils peuvent les engorger, les per-

turber gravement, parfois les rompre : ils deviennent alors véritablement des formes de nuisance, de
pollution. L'homme ne peut les négliger, ni aban-
donner leur gestion à la seule nature : il doit traiter
« culturellement » les déchets de sa propre culture,
sous peine de mettre en déséquilibre et même en
danger les milieux naturels et artificiels auxquels il
appartient et dont dépend son existence.

Bref, si polluer est humain, envisager les pollutions, culturelles et parfois même naturelles, les
connaître, les évaluer, les limiter, les isoler et même
éviter de les produire appartiennent à la manière
dont les humains se comprennent comme êtres
raisonnables et libres, membres d'un groupe, d'une
société, d'une espèce, enfin occupants d'une singulière planète, la Terre. Je ne dévoile rien, je n'invente
rien : nous ne manquons malheureusement pas
d'exemples désormais pour illustrer mon propos et
dénoncer nos manques de prévoyance, de surveillance et de gestion raisonnable de nos rebuts culturels . . .

La poubelle est un progrès

Et voici justement un exemple de gestion de ce type
de déchet.

Lassé de l'extrême saleté des rues de Paris, le
préfet Eugène Poubelle signe en 1884 un arrêté rela-
tif à l'enlèvement des ordures ménagères : il impose
à tous les propriétaires d'immeubles de mettre à la
disposition de leurs locataires des récipients communs destinés à recevoir les déchets ménagers. Il en

profite pour inventer le tri sélectif : un premier réci-
pient est destiné à recevoir les « résidus de ménage »,
un autre le verre et la faïence, un dernier les coquilles
d'huîtres. Les Parisiens, qui pratiquent jusqu'alors le
« tout à la rue », n'apprécient guère l'initiative de leur
préfet : pour s'en venger, ils baptisent de son nom
ces récipients qui doivent comporter un couvercle
et une anse. Le succès de ce baptême est immédiat :
dès 1890, le mot usuel de « poubelle » entre dans
le supplément du *Grand Dictionnaire universel du
XIXᵉ siècle.*

Au sens strict du terme, l'espace n'est donc pas
une poubelle ; bien plus, il ne dispose même pas
d'un système aussi élaboré de gestion des déchets.
Mieux vaudrait parler d'un dépotoir ou d'un vide-
ordures, même si, sur Terre, ceux-ci se trouvent
dans un périmètre délimité, alors que les débris spatiaux se trouvent n'importe où dans l'espace extra-
atmosphérique autour de la Terre.

Les débris autour de la Terre

Du débris spatial, le COPUOS donne la définition
suivante : « tous les objets fabriqués par l'homme,
y compris les fragments et les éléments de celui-ci,
en orbite terrestre ou de retour dans l'atmosphère,
qui sont non fonctionnels » (*Space Debris Mitiga-
tion Guidelines of the Committee on the Peaceful
Uses of Outer Space*).

La densité des débris dans l'espace varie considérablement en fonction de l'altitude. Elle est maximale autour de 850, 1 000 ou 1 500 km, avec en moyenne un objet par 100 millions de km^3 ; au-dessus de 1 500 km, la densité décroît avec l'altitude, sauf au voisinage des altitudes des orbites semi-synchrone (20 000 km) et géosynchrone (36 000 km), où elle est localement supérieure. D'autres orbites, aujourd'hui considérées comme sans intérêt et relativement libres de débris, pourraient un jour changer de statut ; ainsi, celles situées autour de 2 500 km d'altitude paraissent intéresser les militaires pour y installer des satellites d'observation. Mieux vaudrait sans doute se soucier de les protéger dès à présent, car lorsque le processus de pollution est entamé il devient difficile de le contrôler et impossible de l'inverser totalement.

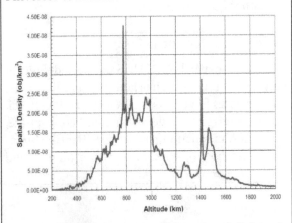

Densité des débris spatiaux en fonction de l'altitude (source : NASA) (traduire x0E-08 par x. 10–8)

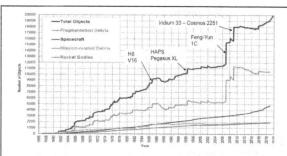

Évolution depuis le début de l'ère spatiale du nombre d'objets en orbite (> 10 cm en orbite basse et > 1 mètre sur les autres orbites) suivis par le réseau de surveillance américain USSTRATCOM. Ces objets, pour lesquels on dispose des caractéristiques orbitales, ne représentent qu'une faible fraction des 500 000 objets d'une taille > 1 cm.

L'évolution future dépend essentiellement du nombre de lancements, en particulier de leur diminution constatée en Russie, au cours de ces dernières années. Il faut également tenir compte de l'évolution des types de mission. Les projets de constellation mettant en jeu plusieurs dizaines, voire plusieurs centaines de satellites, pouvaient faire craindre un accroissement rapide de la population d'objets en orbite circumterrestre ; ces projets sont aujourd'hui le plus souvent en sommeil. Mais un autre risque potentiel commence à apparaître avec le développement de « petits » satellites (les minisatellites qui pèsent entre 100 et 500 kg, les microsatellites entre 10 et 100 kg, les nanosatellites entre 1 et 10 kg, les picosatellites moins de 1 kg) qui peuvent être lancés en grappes avec le même lanceur.

La gestion des débris spatiaux consiste donc en des mesures de prévention, de détection, de protection, de désorbitation.

Pour un espace durable

Avec la conférence des Nations unies sur l'environnement et le développement de Rio de Janeiro en 1992, le concept de durabilité (*sustainability*) est devenu courant dès qu'il est question d'activités humaines qui s'inscrivent dans le temps ; il n'est donc pas étonnant que ce concept ait fini par apparaître dans le domaine spatial. Karl Doetsch préside le COPUOS lorsqu'il l'introduit dans les travaux de la commission à Vienne en 2004 : il propose de réfléchir à la « *long-term sustainability of space activities* » (LTSSA). Son successeur à la présidence du COPUOS, Gérard Brachet, reprend cette idée pour en faire le sujet de réflexion d'un groupe de travail *ad hoc* : la création et l'agenda du LTSSA Working Group sont adoptés en 2008. Parmi ses axes de travail figure la question des débris spatiaux[32].

Il faut revenir à la définition du développement durable (*sustainable development*) telle que l'a proposée le rapport Brutland en 1987 et qui a inspiré le sommet de Rio : « un développement qui répond aux besoins du présent sans compromettre la capacité des générations futures à répondre à leurs propres besoins ». Cette définition a été adoptée, reprise et modifiée dans les années suivantes ; à la dimension environnementale ont été ajoutées celles de l'économie, du sociopolitique et enfin de la culture. La particularité de la notion de développement durable est de s'inscrire dans une vision temporelle ni fixiste ni conservatrice (autrement dit, rien ne doit changer), mais dans celle d'un possible développement, autrement dit dans l'acceptation d'un changement. Toutefois, ce changement ne doit pas prendre n'importe quelle forme : le développement doit s'effectuer dans le respect des générations futures, avec un sens de la responsabilité intergénérationnelle. Il s'agit d'une idée proposée par Hans Jonas en 1979 dans son ouvrage *Le Principe Responsabilité* (voir « Chapitre 2 : Qu'est-ce que l'éthique ? ») : les actions humaines ne doivent pas mettre en péril la possibilité d'une vie future sur la Terre. Jonas associe donc l'impératif de responsabilité à un anthropocentrisme ou même un biocentrisme, autrement dit une priorité donnée aux êtres humains ou à la vie en général. Nous pouvons remarquer, dans une perspective éthique, que Jonas s'intéresse d'abord aux conséquences des choix et des actions humaines ; dans son ouvrage, il ne donne pas la priorité au pourquoi.

Or, tel est bien l'enjeu de la question « L'espace est-il devenu une poubelle ? » : nous ne devons pas nous contenter d'imaginer des solutions techniques pour produire moins de débris dans l'espace, pour en protéger les satellites et les vaisseaux spatiaux, pour les éliminer ou les récolter ; nous devons aussi et sans cesse nous demander pour quelles raisons nous en produisons. Un débris raisonné est déjà un débris en partie géré.

Ainsi, à leur manière, les débris constituent l'un des principaux motifs à l'introduction de l'éthique au sein des activités spatiales.

L'espace est-il l'allié de *Big Brother* ?

« La lutte était terminée.
Il avait remporté la victoire sur lui-même.
Il aimait Big Brother[33]. »

Les derniers mots de *1984*, le célèbre roman de George Orwell, résonnent comme ceux d'un constat d'échec ou même d'une défaite : un pouvoir fondé sur la surveillance totale a non seulement eu raison d'un être assoiffé de liberté, d'indépendance, mais il est même parvenu à lui faire aimer sa condition, son assujettissement. Soixante-dix ans après la publication de *1984*, nous pouvons nous demander si nous n'avons pas nous-mêmes instauré des organisations sociales analogues à celle décrite par Orwell, des sociétés dont le célèbre « *Big Brother is watching you!* » est assuré par des flottilles de satellites-espions, des satellites d'observation et d'écoute, de communication et de localisation.

Human show

En 1791, le philosophe britannique Jeremy Bentham publie un texte dont le titre est déjà un résumé ou mieux encore un programme : *Panopticon; or, the inspection-house: containing the idea of a new principle of construction applicable to any sort of establishment, in which persons of any description are to be kept under inspection; and in particular to penitentiary-houses, prisons, houses of industry, work-houses, poor-houses, lazarettos, manufactories, hospitals, mad-houses, and schools: with a plan of management adapted to the principle.*

Nous le savons, l'intérêt de Bentham pour le domaine pénitentiaire est opportuniste : il cherche d'abord à trouver une solution à la surpopulation et à l'insalubrité des prisons britanniques de son époque. Son projet architectural repose sur un principe d'autodiscipline : il propose de faire des prisonniers leurs propres surveillants. Il n'inscrit pas sur les murs des cellules : « Dieu vous voit » (ce qui est l'un des fondements des morales d'inspiration religieuse), mais il met les détenus dans une situation telle qu'ils sont convaincus de pouvoir être surveillés à tout moment par des gardiens, bien humains ceux-là, sans qu'ils en aient toutefois la certitude. Son *panopticon* est un bâtiment construit en forme d'anneau et divisé en cellules dont chacune occupe toute l'épaisseur du dit bâtiment : une fenêtre recueille la lumière venant de l'extérieur et une autre donne sur l'intérieur de l'édifice, au centre duquel se dresse une tour de surveillance. Par effet de contre-jour, le prisonnier, le condamné, le fou, mais aussi le malade, le pauvre, l'ouvrier ou l'écolier, tous se retrouvent capturés par la lumière qui les expose à la vue de l'hypothétique surveillant, de l'invisible voyeur installé au centre du dispositif. Chaque cellule, chaque chambre est un petit théâtre dont l'occupant est seul en scène, contraint de jouer en permanence le rôle que l'administration du panoptique et la société attendent de lui.

Dans son livre *Surveiller et punir*, le philosophe français Michel Foucault a analysé l'astuce qu'ont ajoutée nos sociétés modernes au concept du *panopticon* de Bentham : elle consiste à inverser le principe du cachot. Pour assurer le contrôle, il n'est plus question de cacher le détenu ni de le priver de lumière, mais au contraire de l'installer en pleine lumière, en plein jour : il est désormais visible de tous et à tout moment. Par ailleurs, les satellites modernes n'occupent pas le centre du théâtre du monde, de l'*human show* planétaire, mais sont accrochés à ses cintres, comme d'invisibles gardiens, d'insaisissables voyeurs. Depuis leur position orbitale, ils participent à l'instauration d'un véritable et efficace *panopticon* planétaire dont les Terriens ont de plus en plus de difficultés à échapper. Une autre question se pose alors : qui sont les producteurs, les réalisateurs, les directeurs de ce théâtre planétaire ? Ou, pour rappeler le mot du poète latin Juvénal : « *Sed quis custodiet ipsos custodes ?* Mais qui surveillera les surveillants ? »

Peter Sloterdijk tente de répondre à cette question dans Le palais de cristal. « Est observateur, écrit le philosophe néerlandais, celui qui perçoit ce qui est autre à travers une fenêtre de théorie et échappe lui-même à la contre-observation[34]. » La multiplication des moyens d'observation et de communication, qu'ils soient spatiaux et terrestres, fait désormais de nous tous des observateurs, des voyeurs en puissance qui disposent parfois de capacités dignes de celles dont disposaient les militaires, il y a seulement quelques décennies. Mais, alerte fort judicieusement Sloterdijk, qu'en est-il de la contre-observation ? Pouvons-nous prétendre y échapper ? La réponse est évidemment négative. Les satellites en sont l'illustration la plus évidente : leurs révolutions orbitales « emprisonnent » à la fois observés et observateurs, au point que la définition de Sloterdijk se trouve souvent erronée, mise en défaut : nous sommes entrés dans l'ère de l'observateur observé[35].

Il n'appartient pas à cet essai de tenter une analyse complète de cette situation. Nous devons au moins reconnaître que la plupart des humains paraissent s'en contenter, sans nécessairement « aimer *Big Brother* », et cela pour de multiples raisons : en premier lieu, l'ignorance, l'habitude, la facilité ou même l'oubli de la liberté ; parfois, le plaisir d'être observé. Bref, conclut Claude-Marie Vadrot, dans son étude intitulée *La grande surveillance* : « Prisonniers plus ou moins volontaires de nos angoisses et de ceux qui les alimentent, nous construisons tous les jours une cage informatisée plus ou moins dorée, tissant à la demande les multiples fils d'Ariane qui nous relient au Grand Ordinateur, Minotaure insatiable dont le célèbre *Big Brother* n'est qu'un gentil cousin aussi éloigné qu'inoffensif[36]. » Évoquer ici la figure mythique d'Ariane paraît plaisant, puisqu'elle a inspiré ceux qui ont dû trouver un nom pour la famille de lanceurs européens ; il ne faut pas voir davantage qu'une invitation à ne pas diminuer la place, le rôle de l'espace dans la surveillance ou plutôt l'auto-surveillance des humains.

Un village planétaire

Au début des années soixante, Marshall McLuhan n'éprouve pas un sentiment d'enfermement ni d'emprisonnement ; il se fait l'apôtre du village

mondial, du village planétaire. En 1962, il écrit :
« La famille humaine existe maintenant dans les
conditions d'un village global. Nous vivons dans un
seul espace resserré qui résonne avec des tambours
tribaux. [. . .] La nouvelle interdépendance électronique recrée le monde à l'image d'un village global[37]. »
Cinquante ans plus tard, le phénomène décrit par
McLuhan continue à s'accélérer, au point que nous
souffrons plutôt d'un excès d'informations et même
d'une saturation de nos capacités à prêter attention.
Et nous pouvons nous demander si, devenu une
réalité technique, le village global est effectivement
une réalité sociale et culturelle ou bien s'il n'y a pas
plutôt une confusion de l'intérêt des industries de
la communication avec la réalité philosophique et
sociohistorique des usagers de ces techniques de
communication. Cette question s'ajoute à toutes
celles que posent aujourd'hui les processus dits de
mondialisation et de globalisation.

Ce que nous appelons habituellement la mondialisation n'est pas un phénomène nouveau : la soif
de découvrir et d'accumuler des richesses, le désir
de dominer, la volonté d'étendre son espace vital,
mais aussi la fascination pour le risque et l'esprit
d'aventure sont des fondements dont j'ai déjà parlé
à propos de l'exploration et de l'exploitation de
l'espace. Dès lors, l'humanité émergeante a déjà la
mondialisation « dans le sang », même si elle n'en a
pas encore les moyens, ni ne possède la moindre idée
du monde qui deviendra progressivement le sien. Si
le développement du transport maritime au début
du XVe siècle marque le début de la mondialisation

moderne, ce processus connaît une intensification à partir de la fin du XIXe siècle avec une augmentation des échanges et par une internationalisation de l'économie. Avec la Deuxième Guerre mondiale, ce phénomène prend une tournure nouvelle : sans renier les ressorts de la mondialisation et appuyé sur une intensification des réseaux déjà existants, il profite de l'émergence de gigantesques groupes industriels et la constitution d'un marché des capitaux puissant et intégré. « Intégré » : c'est le maître-mot de cette nouvelle forme de mondialisation qui conduit à utiliser une autre dénomination, celle de globalisation. Marc Abélès souligne comment « l'emploi du concept de global apparaît adéquat pour rendre compte du niveau d'intégration et d'interconnexion qui est désormais atteint et qui se traduit par la perception empirique chez les individus, par-delà leurs attaches territoriales et leurs identités culturelles, d'une appartenance à un monde global[38]. » Chacun de nous peut aujourd'hui se mouvoir entre plusieurs référentiels, entre plusieurs échelles, et expérimenter une compression de l'espace et du temps, une immédiateté et une simultanéité, auxquelles il paraît même de plus en plus difficile d'échapper. Sloterdijk peut donc affirmer : « la globalisation terrestre ne constitue pas une histoire parmi beaucoup d'autres. Elle est [. . .] l'unique fraction temporelle dans la vie des peuples se découvrant les uns les autres, *alias* 'l'humanité', qui mérite de porter le nom d'''histoire' ou d'''histoire du monde' dans un sens philosophiquement pertinent[39]. » Unique, la globalisation mérite une attention plus critique, plus précise, plus lucide que la seule louange ou le seul refus. Elle exige de prendre la mesure des effets d'une accélération des transports, des communications, des flux d'information jusqu'à atteindre une synchronisation des temps, une superposition des espaces : lorsque n'importe quel événement et n'importe quelle situation, n'importe quel être et n'importe quel groupe nous deviennent immédiatement présents à chacun d'entre nous, lorsque « l'histoire du monde contient le tribunal du monde[40] », où trouvons-nous la distance nécessaire à la pensée, puis à l'action, autrement dit à la démarche éthique ? L'homme, devenu la mesure ultime de toutes choses, se trouve livré à sa propre conscience, celle du temps et de l'espace, celle du bien et du mal, celle aussi des actes déjà accomplis et de ceux encore à entreprendre. Derrière la décision de déclarer les astronautes « envoyés de l'humanité » se trouve une singulière et vertigineuse responsabilité ... globale !

Le principe Vigilance

« Oui, nous appelons tous les gouvernements européens, l'Europe des Douze, à envisager toutes les solutions, y compris le recours à la force pour faire cesser la guerre. Demain, ils ne pourront pas dire qu'ils ne savaient pas, ils ne pourront pas dire qu'ils ne pouvaient pas. » Par ces mots, le journaliste français Jacques Julliard concluait, le 21 novembre 1992, une manifestation silencieuse contre la politique de purification ethnique du régime du président Milosevic[41]. La formule a été utilisée à d'autres occasions, par exemple par le président de la République française Jacques Chirac, lors du sommet mondial du développement durable, à Johannesburg en septembre 2002 ou encore, au milieu des années quatre-vingt, par une organisation non-gouvernementale pour alerter l'opinion sur la situation catastrophique des populations du Sahel. Elle me paraît être l'expression la plus claire de ce que j'appelle ici le principe vigilance ; j'entends par là la tension entre le savoir, le pouvoir et l'agir, entre le déjà accompli et l'encore possible. Nous ne pourrons plus dire que nous ne le savions pas. Et nous courrons donc le risque de connaître la honte décrite par Peter Sloterdijk, « la honte qui affecte aujourd'hui toute créature éveillée plus encore que le péché originel ; le fait de ne pas s'insurger suffisamment contre l'avilissement omniprésent du vivant[42]. »

Nous pouvons aisément trouver de bonnes raisons pour excuser, expliquer, justifier notre inaction, notre désengagement : l'ampleur des tâches à accomplir et la modestie de nos moyens, voire le manque d'informations ; l'existence de structures plus compétentes et mieux équipées pour agir ; éventuellement, le respect des libertés individuelles, collectives ou nationales. « Un peu de honte est vite passée », nous contentons-nous de dire ; mais encore faut-il que nous éprouvions de la honte et rien ne permet d'estimer qu'il en soit toujours ainsi. Une fois encore, il ne faut pas confondre la libre circulation des personnes et des biens, la mondialisation des informations et des savoirs avec la globalisation, cette capacité à articuler le local et le global dans la pensée comme dans l'action ; il faut effectivement mettre cette capacité en action, comme nous y invite l'éthique. L'espace nous en donne un exemple.

En juillet 1999, à Vienne, au cours de la conférence internationale sur l'espace UNISPACE III, les agences spatiales française et européenne, le CNES et l'ESA, décident de coordonner leurs capacités d'acquisition et de livraison des données satellitaires. *A priori*, il ne s'agit pas de vouloir faire face à la montée des sociétés américaines de commercialisation des images satellitaires, mais d'être en mesure d'offrir gratuitement ces données aux pays touchés par d'importantes catastrophes d'origine naturelle ou humaine. Ainsi naît la Charte internationale « Espace et catastrophes majeures » à laquelle se sont joints, dès le 20 octobre 2000, l'agence spatiale canadienne et, depuis cette date, des organismes, spatiaux ou non, de nombreux pays : l'Inde et la Chine, le Royaume-Uni et les États-Unis, le Japon, etc. En 2019, dix-sept organisations sont membres de la Charte et dix-neuf partenaires.

Il s'agit d'une étonnante coalition puisqu'elle dépasse les habituels clivages politiques et économiques. Sont susceptibles de devenir membres de la Charte les agences spatiales ainsi que les exploitants nationaux ou internationaux de systèmes spatiaux ; les organismes de protection civile, de sauvetage, de défense ou de sécurité du pays de l'un des membres de la Charte en deviennent *de facto* des utilisateurs autorisés[43].

Qu'entendre par catastrophe naturelle ou technologique ? Toute situation qui implique la perte de nombreuses vies humaines, d'importants dégâts matériels et ce à grande échelle, par suite d'un phénomène naturel (et l'on pense aux cyclones et aux tornades, aux tremblements de terre et aux tsunamis, aux inondations et aux feux de forêts, sans oublier les éruptions volcaniques) ou d'un accident technologique (entraînant des pollutions chimiques ou radioactives). Les agences signataires de cette Charte s'engagent, face à de tels événements et seulement sur une demande explicite du pays concerné, à acquérir et à fournir les données satellitaires susceptibles d'apporter une aide aux populations des zones touchées. Il est inutile d'entrer ici dans les arcanes de la procédure de déclenchement de la charte : elle vise à assurer une veille permanente (un opérateur est d'astreinte vingt-quatre heure sur vingt-quatre), à faire parvenir au plus vite des images aux personnes et aux services qui en ont besoin, à programmer des prises de vue spécifiques et, dans un premier temps, de s'assurer de la pertinence et de l'honnêteté de la demande.

Depuis sa mise en application, en février 2002, la Charte a été déclenchée plus de six cents fois ; le 600ᵉ déclenchement a eu lieu le 20 mars 2019. Ce chiffre étonne souvent le public qui est surpris tout autant par l'effective capacité de ces organisations spatiales à mettre en commun des moyens sensibles et onéreux que par le nombre de « catastrophes majeures » qui frappent les populations humaines (en majorité des inondations, puis des ouragans et des typhons, des manifestations volcaniques et des tremblements de terre, plus rarement des déversements d'hydrocarbure ou des accidents de transport). Aucun continent n'est épargné et nombreux sont les pays à avoir déclenché la Charte. Prenons pour seuls exemples ses premiers déclenchements : le 4 février 2002, les vallées de la Meuse et de la Moselle, en Europe ; le même jour, la République démocratique du Congo ; le 9 avril, l'Afghanistan...

Cette initiative de la communauté spatiale internationale n'est pas là pour oublier la honte évoquée par Sloterdijk ou les dénonciations analogues à celle soutenue par Julliard : en matière de vigilance et d'« aide à personne ou à population en danger », la raison et le bon sens nous disent que nous pouvons toujours mieux faire. Considérons pourtant cette charte comme un enseignement et même un exemple à suivre.

Si les yeux spatiaux de Big Brother peuvent donc être mis au service de justes causes, nous devons rester attentifs aux conditions de cet usage, qu'elles nous soient imposées ou que nous-mêmes les acceptions. Nous devons reconnaître que chacun d'entre nous accepte, parfois avec indifférence, d'être fiché, observé, repéré, tracé, même sans en avoir conscience, ni connaissance : nous avons vite oublié les flottilles de satellites qui tournent au-dessus de nos têtes, comme les caméras de surveillance qui quadrillent nos rues. Il y a là un vrai risque : celui de confondre la liberté avec le double processus, si contemporain, d'identification à l'autre par la globalisation et de sentiment d'être individuellement protégé. Or, la liberté est menacée lorsque la surveillance se trouve réduite à une fonction de gardiennage et le rôle de vigilance à celui de garantir la conformité à un plan préétabli, à un ordre imposé, à un *statu quo* maintenu. La liberté n'est-elle pas menacée lorsque le frère n'est plus qu'un gardien et que le vrai sens de la responsabilité se trouve ainsi oublié ?

L'espace est-il à vendre ?

Le 1er décembre 2012, j'ai acheté un lopin de sol lunaire. L'acte de propriété porte le numéro 369/1559 et a été signé par Francis P. William, ambassadeur lunaire pour le Royaume-Uni et l'Europe par délégation de Dennis Hope, président (autoproclamé) du gouvernement galactique et chef de l'ambassade lunaire auprès des Terriens. J'ai payé la somme de 19,99 dollars pour acquérir une surface d'une acre (environ 4 000 m²), auxquels j'ai dû ajouter 1,51 dollar de taxe lunaire et 10 dollars pour l'envoi du certificat de propriété. Hope prétend avoir vendu de cette manière 600 millions d'acres sur la Lune, 300 sur Mars et 120 sur Mercure, Vénus et Io (soit respectivement environ 2,4 millions d'hectares, 1,2 million d'hectares et 0,48 million d'hectares) ; il aime citer le nom de ses clients les plus célèbres : George Lucas, Ron Howard, Tom Hanks, Harrison Ford, John Travolta, Meg Ryan, Clint Eastwood, Jimmy Carter et Ronald Reagan, des astronautes américains et russes ; sans oublier les chaînes hôtelières Hilton et Marriot. Le *business* de cet habitant du Nevada, qui s'appuie sur une politique commerciale efficace et un réseau mondial de revendeurs et d'ambassadeurs, est apparemment lucratif. En réalité, il n'est pas le premier à vendre la Lune...

Ils ont vendu la Lune

Dans son édition du 3 janvier 1808, le journal londonien *The Examiner* accuse Napoléon Bonaparte d'avoir des prétentions cosmiques : « Alors je pourrai constituer une armée de ballons, dont Garnerin sera le général, et prendre possession de la Comète. Cela me permettra de conquérir le système solaire, ensuite j'irai avec mes armées dans les autres systèmes, enfin – je pense – je rencontrerai le Diable. » Emporté par son imagination littéraire, le journaliste anglais oublie qu'au retour de la campagne d'Égypte, en juillet 1799, Bonaparte a ordonné la fermeture de la fabrique de ballons et de l'école de formation des aérostiers, créée près de Paris en octobre 1794 : il n'a jamais eu l'idée de conquérir le ciel. Pas davantage le maréchal français qui vantait le courage et l'obéissance de ses soldats en prétendant qu'ils « monteraient à l'assaut de la Lune, si j'en manifestais le désir ». En revanche, en 1756, un des prédécesseurs de Napoléon, Frédéric II de Prusse a voulu récompenser un de ses sujets, Aul Jürgens, en lui offrant la propriété de la Lune. Pourquoi l'un de ses descendants, prénommé Martin, la revendique-t-il en 1996 ? Parce qu'un vent de commercialisation de la Lune souffle sur le XXe siècle ...

Entre les années 1930 et la première décennie du XXIe siècle, Virgiliu Pop a repéré au moins vingt-cinq revendications analogues, portant sur la Lune, Mars ou d'autres corps célestes, parfois sur l'ensemble du ciel, qu'il s'agisse d'un droit de propriété, d'une demande d'achat d'une parcelle extraterrestre ou encore de la réclamation de droits lors de l'atterrissage d'une sonde ou d'un équipage sur la (prétendue) propriété extraterrestre d'un Terrien[44]. Ces revendications s'adressent surtout à la NASA, au président des États-Unis, aux Nations unies. James Thomas Mangan, par exemple, n'hésite pas à prétendre que son domicile est le centre de l'univers et du royaume de Celestia, dont il distribue les charges et les honneurs à sa propre famille. La ville de Genève, dans l'Ohio, déclare solennellement le 6 avril 1966 être en possession de la Lune. Les Terriens peuvent ainsi trouver des titres de propriété dans des boîtes de céréales, au verso de la carte de membre d'une association scientifique ou bien encore affirmer être les propriétaires d'une sonde lunaire dans la proportion de leurs contributions fiscales aux programmes spatiaux.

En réalité, lorsqu'ils répondent à des offres d'acquisition, les acheteurs sont le plus souvent mis d'emblée en garde par les « vendeurs ». Ainsi, Barry McArdle, le fondateur de la Lunar Development Corporation, précise qu'il faut être fou pour vendre la Lune et l'être aussi pour l'acheter ; il se garde de garantir à ses clients l'approvisionnement en eau et en air et leur assure seulement . . . une franche rigolade. Robert R. Coles, après avoir dirigé le planétarium Hayden, à Manhattan, s'est lancé au milieu des années 1950 dans la vente de lopins lunaires ; mais, assure-t-il, il n'a jamais caché qu'il ne s'agissait que d'une plaisanterie, d'une espièglerie. À la même époque, le musée des sciences de Boston propose à son public d'acheter des étoiles et des planètes, afin de contribuer à la construction d'un planétarium ; les responsables du musée ne manquent pas de préciser aux nouveaux propriétaires qu'il ne leur sera pas fourni de moyens pour se rendre sur place ni pour visiter leur acquisition. L'exemple est suivi et copié par d'autres institutions scientifiques et musées. *The Great Martian Land Sale* et *The Mars Fever Week*, organisées en 1982 pour sortir d'une grave crise financière le planétarium de l'université du Colorado, à Boulder, ne sont jamais présentées autrement que comme un *gag*, une blague qui a d'ailleurs eu un retentissement national inattendu. Comment ne pas applaudir la « *teenage rebellion full of beauty and eccentricity* », déclenchée par ces lycéens roumains de Buhusi qui se déclarent possesseurs de Mars et entreprennent d'en vendre des parcelles pour financer la construction d'une nouvelle salle de sports ? Que penser de l'acronyme de la société créée pour offrir à la vente des terrains sur Uranus : R.E.C.T.U.M. Real Estate Commission & Trust of Uranus Management Quoi qu'il en soit, sur le marché des affaires lunaires, le meilleur vendeur est très certainement Dennis Hope, celui auquel j'ai acheté mon propre terrain lunaire. En mars 2004, au nom de sa qualité de *Head Cheese* (puisque la culture anglo-saxonne se plaît à comparer la Lune à un fromage), Hope présente à Las Vegas la constitution d'un gouvernement galactique. Il cherche ainsi à donner à son « mouvement » une allure politique, afin d'engager un dialogue avec l'administration américaine : en janvier de la même année, le président George W. Bush a en effet annoncé un nouveau programme d'exploration spatiale. Hope propose donc à la NASA de lui louer un terrain de 30 000 acres pour une durée de 400 ans. Si l'initiative fait probablement sourire les responsables américains, ceux de la puissance spatiale émergeante qu'est la Chine paraissent peu apprécier l'initiative de Hope lorsqu'il décide d'ouvrir une ambassade à Pékin : en octobre 2005, sa licence commerciale lui est enlevée et lui-même est sommé de rembourser ses clients chinois.

Mais ces déboires n'ont pas entamé l'optimisme commercial de Hope, ni celui d'autres entrepreneurs. À la même époque, en effet, TransOrbital, une compagnie californienne fondée par Dennis Laurie, se propose de construire une sonde baptisée TrailBlazer, de l'envoyer autour de la Lune pour y prendre les clichés des sites sur lesquels se sont posés les équipages des missions américaines Apollo et les sondes soviétiques, puis de la faire alunir. C'est l'occasion pour les Terriens, expliquent les messages publicitaires de TransOrbital, de déposer à la surface de la Lune un message, de 300 à 9 600 caractères, une carte de visite ou même un objet personnel . . . le tout au prix de 2 500 dollars le gramme. Il ne reste aujourd'hui aucune trace sur la Lune de cet audacieux projet commercial, puisque TrailBlazer n'a jamais été lancé, mais seulement sur Terre, sous la forme de certificats tape-à-l'œil gravés sur feuille d'or, envoyés à ceux qui ont réservé un ticket pour la Lune.

Pour les spécialistes du droit de l'espace, toutes ces entreprises sont évidemment de « pures affabulations », des « escroqueries intellectuelles » (Armand Kerrest), pire encore, des « arnaques » (Gabriel

Lafferranderie). Faut-il pour autant parler d'un « marché de dupes » ? Dans tous les cas, les affaires deviennent plus sérieuses, lorsque deviennent possible une véritable exploration de l'espace et envisageable son exploitation.

Le temps des drapeaux

La première décennie de l'entreprise spatiale est marquée par ce qu'il est convenu d'appeler « la course à la Lune » ; une course qui est remportée par les États-Unis en juillet 1969. À cette époque, il n'est pas question d'appropriation ni de vente, mais d'abord de fierté nationale et d'étendards.

Les drapeaux plantés à la surface de la Lune par les astronautes des missions Apollo ont été à l'origine de vives et abondantes discussions. Dans son deuxième article, le traité de l'espace stipule en effet que « L'espace extra-atmosphérique, y compris la lune et les autres corps célestes, ne peut faire l'objet d'appropriation nationale par proclamation de souveraineté, ni par voie d'utilisation ou d'occupation, ni par aucun autre moyen. » Or, ce traité est entré en vigueur le 10 octobre 1967, soit un an et demi avant le premier alunissage. Dès lors, comment convient-il d'interpréter le geste de Neil Armstrong et de Buzz Aldrin, le 21 juillet 1969 ? Ce geste est-il un affront au traité de l'espace, une revendication d'appropriation et de souveraineté de la part des États-Unis ? Avant même le départ de la mission Apollo XI, la question du drapeau occupe les responsables de la NASA ; il en est de même après le retour sur Terre, mais cette fois à un niveau plus large. L'amendement approuvé par le gouvernement américain le 18 novembre 1969 met un point final à la controverse : « Le drapeau des États-Unis, et aucun autre drapeau, doit être implanté ou placé autrement à la surface de la Lune, ou à la surface de n'importe quelle planète, par les membres de l'équipage de tout vaisseau spatial qui a atterri à la surface de la Lune ou d'une autre planète, dans le cadre d'une mission du programme Apollo ou dans le cadre d'une mission d'un programme ultérieur, dont les fonds sont entièrement fournis par le gouvernement des États-Unis. » Et le texte précise : « Cet acte veut être un geste symbolique de fierté nationale et ne doit pas être interprété comme une déclaration d'appropriation nationale par revendication de souveraineté[45]. » Autrement dit, le geste des astronautes américains doit être interprété comme celui de l'alpiniste qui plante le drapeau de son pays au sommet de la montagne qu'il vient de gravir. Même sur fond de guerre froide, c'est une compétition, une course à la Lune qui s'achève, ce 21 juillet 1969, par la victoire des États-Unis sur l'Union soviétique. Il est effectivement question de suprématie, de souveraineté, de fierté nationale, plutôt que d'appropriation et moins encore d'exploitation.

L'amendement américain de 1969 défend le caractère symbolique de l'implantation du drapeau national, mais il n'omet pas de rappeler que les missions Apollo sont financées par l'État et donc par les contribuables américains. Ce constat pourrait servir d'argument pour défendre une protection particulière des sites d'alunissage : sans prétendre à une appropriation au sens strict, les vainqueurs de la course pourraient exiger une régulation particulière de leur accès, peut-être même leur interdiction, leur sanctuarisation. N'oublions pas que le seul accès est déjà une clé du développement : nous avons aujourd'hui l'exemple de l'accès aux données, aux ressources, aux résultats, etc.

L'exploitation peut aussi conférer une forme d'appropriation, temporaire ou non. Par exemple, si personne ne peut prétendre détenir une position orbitale autour de la Terre, chacun peut utiliser cette ressource commune à condition d'appliquer les réglementations et les procédures internationales. Certes, les États conservent sous leur juridiction, leur contrôle et leur responsabilité les objets qu'ils ont lancés ou qui ont été lancés depuis leur territoire ou par leurs ressortissants ; et l'Union internationale des télécommunications (UIT) est chargée de gérer l'attribution des fréquences : il est donc toujours question de ressources communes, de gestion coordonnée et d'accord de coopération. Pourtant, il faut admettre qu'il existe une forme d'appropriation, au moins temporaire, par l'usage des positions et des fréquences. Cette possible interprétation des pratiques d'exploitation ne peut être ignorée : c'est sans doute la raison pour laquelle les entreprises du NewSpace qui s'intéressent aux ressources minières de l'espace évitent l'usage du terme d'exploitation...

La nouvelle ruée vers l'espace ?

Toute expansion territoriale ou commerciale, toute nouvelle acquisition d'un pouvoir ou d'un savoir conduisent à poser la question du partage des bénéfices qui leur sont associés. Comment le NewSpace pourrait-il y échapper, lui qui prétend offrir un nouveau monde à ses clients, de nouvelles opportunités aux entrepreneurs des GAFA ? La question s'impose avec d'autant plus d'évidence que le droit de l'espace a d'ores et déjà apporté ses propres éléments de réponse, dès le premier paragraphe du premier article du traité de 1967, déjà cité : « L'exploration et l'utilisation de l'espace extra-atmosphérique, y compris la lune et les autres corps célestes, doivent se faire pour le bien et dans l'intérêt de tous les pays, quel que soit le stade de leur développement économique ou scientifique ; elles sont l'apanage de l'humanité tout entière. » Chaque fois qu'elle est évoquée, qui plus est invoquée, la notion d'apanage (*province* en anglais) ne manque pas de susciter des débats, y compris entre juristes. Héritée du régime royal (en France, l'apanage désignait la portion du domaine royal que le roi assignait à ses fils puînés ou à ses frères et qui retournait au domaine du roi si son détenteur mourait sans héritier direct mâle), cette notion est ici appliquée non pas à un bien foncier, mais à un champ d'activités, celles de l'exploration et de l'utilisation de l'espace. Le traité de 1967 juxtapose donc deux principes. D'une part, l'exploration et l'utilisation de l'espace doivent être menées dans le respect du bien et de l'intérêt de tous les pays : sans être une finalité, il s'agit d'une condition posée et acceptée par les signataires de ce texte. D'autre part, l'exploration et l'utilisation de l'espace sont reconnues comme appartenant en propre à l'humanité, autrement dit à chacun des membres de cette espèce ; rien ne peut les en priver et ils peuvent même en revendiquer la possibilité ou même les moyens.

Comment ces principes ont-ils été interprétés et appliqués depuis cinquante ans ? Fidèle à sa pratique, la communauté scientifique a probablement été la plus proche de l'esprit et de la lettre de cet article du traité de 1967 : les données recueillies au cours des missions spatiales, les conclusions tirées, les hypothèses élaborées ont été publiées et partagées pour le bénéfice de tous les scientifiques et, autant que le permettent la communication et l'éducation, de tous les publics. À l'opposé, l'utilisation militaire de l'espace est restée à l'intérieur des codes et des conduites propres à ce domaine, y compris en termes de transfert technologique, qu'il s'agisse d'assurer une dominance ou d'établir un pouvoir (*space dominance* et *space power* dans la terminologie américaine) ; le pouvoir des traités internationaux paraît dans ce cadre extrêmement contraint. Entre ces deux extrémités, les activités commerciales n'ont pas cessé de croître, grâce à des organismes créés d'abord par les pouvoirs publics, puis par des entreprises véritablement privées. Doit être ici mentionnée l'initiative non commerciale déjà mentionnée de la charte *Espace et Catastrophes majeures*.

Quel est-il possible d'attendre de la part du NewSpace ? *Business as usual* ? Je mets évidemment de côté les contrats signés par les états-majors militaires avec des entreprises comme SpaceX ; pour le reste, les débats ne manquent pas, surtout à la vue des profits que les études sur l'exploitation minière des astéroïdes ou le tourisme spatial font miroiter. Des voix s'élèvent pour demander, au nom de l'esprit du droit spatial, un partage des bénéfices à venir entre le plus grand nombre, pour proposer l'instauration d'un système de concession et d'adjudication dont pourrait bénéficier, au nom de l'humanité, l'Organisation des Nations Unies ; mais celle-ci possède-t-elle l'autorité suffisante, la souveraineté nécessaire pour recevoir des *royalties* ? Probablement pas. Dès lors, envisager un partage équitable des ressources de l'espace et des bénéfices du NewSpace paraît relever de l'utopie, c'est-à-dire de la pure imagination et de l'évidente impossibilité. Il faut une bonne dose d'optimisme pour estimer que l'espace pourrait échapper à la règle du « Premier arrivé, premier servi ! » À moins que l'espace puisse, une fois encore, servir de miroir aux rêves des humains, paradisiaques ou cauchemardesques, et les aider à appréhender plus raisonnablement leur destin sur Terre, à le prendre eux-mêmes en main.

J'ai déjà mentionné les travaux de *The Hague International Space Resources Governance Working Group*, consacrés à l'exploitation future des ressources de l'espace : il faut impérativement encourager cette réflexion juridique qui accompagne et même précède une évolution technique, socio-économique, au lieu de « courir » derrière elle. Cependant, comme je l'ai expliqué, ce travail n'exclut pas mais exige plutôt d'être accompagné par une réflexion éthique. Dans quelle mesure, en effet, ces réflexions ne se trouvent-elles pas limitées, handica-pées du fait qu'elles s'en tiennent à une représenta-tion du monde sous-jacente qui se révèle désormais périmée (voir « Chapitre 4 : Le droit, miroir de l'éthique spatiale – Nouvelles frontières ») ? Nous pouvons mesurer les effets, les dommages de nos activités dans l'espace : nous réactualisons chaque jour la carte des débris qui orbitent autour de la Terre ; nous possédons les images des lieux d'impact de nos sondes sur d'autres planètes ; nous estimons la quantité d'éléments radioactifs et la population de microorganismes que nous avons « largués » dans l'espace ou sur d'autres planètes. Mais comment pourrions-nous mesurer ces conséquences à l'aune de l'univers ? Elles paraissent infimes... En revanche, nous devons nous interroger sur les conséquences de nos projets d'exploration et d'exploitation de l'espace pour la Terre elle-même et ses occupants. Les ressources minières spatiales devraient d'abord servir à l'exploration de l'espace lui-même ; mais qu'adviendra-t-il lorsqu'elles seront ramenées sur Terre ? Quelles conséquences économiques, politiques, sociales pouvons-nous déjà prévoir ? L'histoire, en particulier de celle de la mondialisa-tion, est riche en enseignements dont nous devrions tenir compte : nous devons nous rappeler que les « ruées vers l'or » transforment autant les lieux dont sont partis les pionniers que ceux qu'ils ont rejoints. L'éthique de l'espace ne peut pas oublier la Terre.

Faut-il explorer l'espace coûte que coûte ?

Le 15 juillet 1969, le pasteur Ralph Abernathy se présente devant l'une des entrées de Cap Canaveral (appelé à cette époque Cap Kennedy), à quelques heures du départ pour la Lune des astronautes Armstrong, Aldrin et Collins. Avec un groupe d'activistes, l'ami de Martin Luther King proteste contre le coût du programme Apollo, évalué à cette époque à 25,4 milliards de dollars (l'équivalent de 167 milliards de dollars en 2017). Les tracts qu'ils distribuent à la foule qui se rassemble autour de la base spatiale américaine sont éloquents : ils montrent la misère des minorités aux États-Unis, le peu de progrès de la lutte contre l'inégalité raciale, alors que la course à la Lune et demain peut-être vers Mars draine d'exorbitants budgets. Tom Paine, qui dirige la NASA à cette époque, fait parvenir le message suivant à Abernathy et à ses amis : « Si nous pouvions résoudre le problème de la pauvreté en refusant d'appuyer sur le bouton pour envoyer demain des hommes sur la Lune, alors nous ne pousserions pas le bouton ! » Paine pense-t-il réellement ce qu'il avance ou bien fait-il simplement preuve d'une habile hypocrisie ? Abernathy ordonne-t-il trop vite le retrait des manifestants ou bien admet-il réellement que la question raciale, dans son pays, ne se limite pas au montant de quelques lignes budgétaires, aussi astronomiques soient-elles, mais relève encore et avant tout d'une lente et profonde évolution des mentalités ? Quarante ans plus tard, Barack Obama est élu président des États-Unis d'Amérique et, la même année, Charles Bolden est le premier Afro-Américain à être nommé à la tête de la NASA. Bien des choses ont donc changé, au pays des héros des missions Apollo. À quel prix ?

Pour une tasse de café

En manifestant devant l'entrée de Cap Canaveral, Abernathy et ses compagnons ne dénoncent pas seulement les inégalités sociales de leur pays et le montant jugé trop élevé des budgets consacrés à la course à la Lune ; le programme spatial américain leur sert de motif, d'alibi pour interroger la conduite et les choix politiques au sein d'une société déclarée démocratique. L'espace n'apparaît-il pas le plus souvent comme le « fait du prince » en échappant à tout véritable débat à l'échelle de la société, des électeurs ? Ce constat ne s'applique d'ailleurs pas qu'aux seuls États-Unis : dans la plupart sinon tous les pays qui possèdent une politique spatiale, celle-ci est rarement sinon jamais discutée publiquement. Et pourtant, lorsqu'ils sont interrogés sur ce sujet, les citoyens expriment souvent leur souci vis-à-vis du coût, estimé excessif, des activités spatiales. L'argent public, disent-ils souvent, ne serait-il pas mieux utilisé pour réduire les inégalités sociales, améliorer l'éducation, construire des hôpitaux . . . ou résoudre le problème de la faim dans le monde ?

De fait, la réponse la plus couramment offerte par les acteurs de l'espace à la question du coût de leurs programmes utilise deux arguments, celui des retombées économiques et celui de la comparaison. Le premier paraît évident : il faut mesurer les emplois créés, les revenus assurés, les exportations permises par le tissu national ou international de l'industrie spatiale. En Europe, il est courant de préciser qu'un euro investi rapporte vingt euros en termes de retombées économiques. Le second argument est celui de « la place de cinéma ou la tasse de café ». L'astronaute européen Thomas Pesquet y a recours lorsqu'il est questionné sur le coût de sa propre mission, Proxima : il indique que la participation annuelle de l'Europe aux missions à bord de la station spatiale internationale coûte à chaque citoyen européen l'équivalent du prix d'une tasse de café. De même, l'ensemble des investissements publics dans les activités spatiales coûtent par an à chaque Français l'équivalent de trois places de cinéma, soit environ trente euros.

Que penser d'une telle réponse ? D'abord qu'avec des investissements modérés pour chaque habitant (une tasse de café, quelques places de cinéma) nous sommes capables de réaliser des projets littéralement exorbitants, extraterrestres : concevoir et lancer des fusées, faire vivre des astronautes autour de la Terre, envoyer des sondes vers Mars ou sur des comètes, etc. Ce n'est pas rien et j'ajouterai même que le prix n'est guère élevé pour montrer ce que peuvent réaliser aujourd'hui des nations qui se mettent d'accord pour partager leurs connaissances, leurs compétences, leurs moyens humains et financiers. Mais il ne faut pas être naïf : nous connaissons, sans pour autant tous les mesurer, les enjeux industriels liés aux programmes spatiaux, le jeu compliqué des pouvoirs, des intérêts et des influences ; l'espace n'est exempt d'aucun des défauts humains, même les plus honteux. Je comprends la révolte des minorités afro-américaines à l'époque des missions Apollo et celle qui pourrait venir aujourd'hui d'autres minorités, d'autres territoires de nos sociétés trop souvent délaissés ou ignorés. J'entends ceux qui s'adressent à nous, gens de l'espace, pour trouver que « nous coûtons trop cher à la société » et qu'il serait plus juste de consacrer notre budget à l'éducation, aux affaires sociales. Toutefois, il convient de ne pas avoir une approche trop réductionniste, trop parcellaire. Le prix d'une place de cinéma ou d'une tasse de café pourrait soutenir le programme de construction d'un hôpital ou d'une école ; mais il pourrait aussi servir à financer la rénovation d'une œuvre d'art, la construction d'une portion d'autoroute, l'achat d'un porte-avions ou d'un avion de chasse. Alors, que devons-nous choisir ? Et comment pouvons-nous le choisir ? En juillet 1969, Paine et Abernathy sont probablement d'accord pour admettre que leurs engagements, leurs responsabilités respectives (appuyer sur un bouton pour l'un, manifester pour l'autre) ne peuvent que servir d'occasion pour questionner l'ensemble de leur société sur ses priorités et ses objectifs communs. Mais sommes-nous capables de répondre à une telle interrogation ?

Pour revenir au sujet des activités spatiales, en particulier de l'exploration de l'espace, il faut mentionner une intéressante distinction entre le prix et la dignité, introduite par le philosophe Emmanuel Kant. Dans les *Fondements de la métaphysique des mœurs* (1785), il écrit : « Dans le règne des fins, tout a ou bien un prix, ou bien une dignité. À la place de ce qui a un prix on peut mettre aussi quelque chose d'autre en le considérant comme son équivalent ; ce qui en revanche est au-dessus de tout prix, et par conséquent n'admet nul équivalent, c'est ce qui possède une dignité. » Pour répondre aux fréquentes interrogations sur le coût des activités spatiales, il est en effet courant de rendre compte des budgets spatiaux engagés par les États en avançant des chiffres et des ratios, en comparant des lignes budgétaires et des programmes publics. L'image de la tasse de café ou de la place de cinéma appartiennent à la même pédagogie. Quoi qu'il en soit, il est évident que, du point de vue de leurs coûts, les activités spatiales appartiennent au champ des grands et même des très grands programmes d'investissement et de financement engagés et entrepris par les États. Ni plus, ni moins. Pourquoi, dès lors, les juger trop onéreuses ? Faut-il voir les effets de l'évident processus de banalisation qui touche les outils spatiaux les plus utiles ? Les Terriens se sont si vite et si bien habitués à être survolés par des satellites de communication, d'observation ou de positionnement et à utiliser leurs services qu'ils ont fini par les oublier et s'étonnent même qu'il faille encore les concevoir et les construire, les lancer en orbite et les y maintenir, afin d'assurer les multiples services à distance que ces machines rendent et dont les habitants de la Terre jouissent jour après jour (des prévisions météorologiques à l'aide à la navigation, des réseaux internationaux de communication à l'observation et à la surveillance). Discrets, invisibles à l'œil nu, ces systèmes satellitaires ont effectivement un coût, mais aussi un prix, au sens kantien du terme. Ils ont un prix qui peut ou devrait être comparé, évalué au regard de l'accomplissement d'une mission, de l'obtention d'un résultat, de la réalisation d'une fin, au regard aussi des services terrestres équivalents, lorsqu'ils existent. S'agit-il de transmettre des informations au plus grand nombre ? Par exemple, il faut comparer les bénéfices et les coûts du satellite et de la fibre optique, en fonction de l'accessibilité des populations concernées. Cette comparaison conduit d'ailleurs à associer les deux techniques, plutôt qu'à les opposer, à les mettre en concurrence. Il serait possible de procéder de même pour toutes les techniques et opérations spatiales qui nous offrent leurs services. Ainsi appréhendé et évalué, nous pouvons dire que l'espace a un prix, mais qu'il n'est pas « hors de prix ».

L'espace développe un autre champ d'activités, celui de l'exploration, autrement dit celui des télescopes spatiaux, des sondes planétaires et, dans une moindre mesure, des vols habités. Que le coût de ces missions puisse être considéré comme modeste (un télescope spatial pour détecter des planètes extrasolaires coûte quelques centaines de millions d'euros) ou qu'il soit plus conséquent (une mission automatique d'exploration de Mars par un robot ou une sonde automatique est aujourd'hui évaluée à plusieurs milliards de dollars ; la mission Rosetta pour étudier la comète Churyomov Gerasimenko a coûté un milliard d'euros), il faut reconnaître que ces activités spatiales n'ont pas d'équivalent et, par conséquent, doivent être mesurées, évaluées autrement que par leur seul prix. L'exploration mérite que lui soit appliquée la seconde notion proposée par Kant, celle de dignité. Cette posture n'est pas exagérée, ni déplacée. Accroître le savoir humain sur l'univers, la vie et leurs origines, affronter des terres jusqu'alors méconnues ou totalement inconnues, prendre le risque de bousculer des idées, des théories, des certitudes : que serait devenue notre espèce si, depuis sa naissance, elle n'avait pas honoré, par des entreprises à haute dignité, sa curiosité naturelle et sa propension, peut-être innée, à l'exploration ? Que deviendrait-elle si elle décidait de ne plus se laisser porter, influencer, inspirer par de telles tendances ? Répondre à ces questions ne relève pas d'une simple « discussion de bistrot », ni de l'argument de la tasse de café ; il faut faire appel aux fondements mêmes de la condition humaine : l'histoire de l'humanité, de ses cultures et de ses sociétés ; ses valeurs ; ses projets, ses espoirs. Comme dans le passé, l'espace pourrait encore conduire dans l'avenir à de véritables interrogations philosophiques.

Face à la mort

L'entreprise spatiale a coûté cher en vies humaines. Avant même qu'il soit question d'envoyer des hommes dans l'espace, nombreux ont été les détenus des camps de concentration et de détention nazis (Dora en particulier) à avoir payé de leur vie la fabrication des fusées V-2, mises au point par Wernher von Braun et les ingénieurs de Peenemünde, au bord de la mer Baltique. Une fois les États-Unis et l'Union soviétique lancés dans la course à l'espace, nombreux encore furent ceux à avoir trouvé la mort « au sol », lors de la mise au point de fusées ou au moment de leur lancement : le maréchal Mitrofan Nedelin, responsable des forces stratégiques soviétiques, et plus de cent personnes avec lui, lors de l'explosion d'un missile intercontinental R-16, le 24 octobre 1960, à Baïkonour ; les cinquante-six habitants d'un village proche de Xiang, la base de lancement des fusées chinoises Longue Marche, à la suite de l'échec de l'une d'entre elles, le 14 février 1996 ; les vingt et un ingénieurs et techniciens brésiliens, lors d'une explosion sur le pas de tir d'Alcantara, le 22 août 2003 ; les trois techniciens américains qui testaient le moteur de SpaceShipTwo, à Mojave, le 26 juillet 2007 ; l'un des pilotes du Virgin Space Ship Enterprise, à Mojave encore, le 31 octobre 2014. La communauté des astronautes, cosmonautes et taïkonautes a elle aussi payé un lourd tribut à l'espace : depuis le début des vols habités en 1961, plus de cinq cent cinquante hommes et femmes sont allés dans l'espace et vingt-deux ont accidentellement péri, durant une mission ou au cours de leur entraînement. Les navettes spatiales, conçues et utilisées par les Américains, se sont révélées particulièrement dangereuses : selon Jeffrey Bell, il aurait été six fois plus dangereux de prendre place à bord de l'une d'entre elles que dans le cockpit d'un bombardier B 24 Liberator à destination de l'Allemagne nazie en 1944. Si la valeur d'une telle estimation peut toujours être relativisée, voire critiquée, elle s'accorde du moins avec le constat de Richard Feynman, à la suite de l'accident de Challenger. Le prix Nobel de physique comparait la décision de faire décoller Challenger à la pratique de la roulette russe : le fait que le premier coup ne « parte » pas ne donne aucune information précise sur la suite des événements[46]...

Deux cultures différentes du risque

Au début des vols habités, Américains et Soviétiques appliquaient d'une manière analogue trois grands principes : la sauvegarde des populations au sol avant celle de l'équipage ; la solidarité de l'équipage (il faut toujours chercher à sauver l'ensemble de l'équipage et non un individu en particulier) ; le souci de la sécurité à tout moment de la mission, avec des procédures et des moyens spécifiques à chaque phase du vol, y compris sur le pas de tir et en phase ascensionnelle. Un exemple d'application de ce troisième principe est l'installation d'une mini-fusée au-dessus de la capsule habitée afin de pouvoir, en cas d'accident au décollage, la détacher du reste de la fusée et sauver l'équipage. Comme jadis les Mercury, Gemini et Apollo américaines, le Soyouz russe est toujours équipé d'un tel dispositif, avec plusieurs sauvetages réussis à son actif. Un autre exemple : le choix d'un retour sur Terre grâce à une chute libre balistique se terminant sur terre ou en mer ; la manœuvre est plus brutale mais moins périlleuse que le retour plané. Est-ce le succès, presque inattendu, du programme Apollo, même avec l'accident d'Apollo 13 (« *a successful failure* – un échec plein de succès », a-t-on dit à l'époque), qui a conduit la NASA à reconsidérer son approche de la sécurité et à revoir ses principes lors de la conception des navettes spatiales ? L'agence spatiale américaine a fait une complète impasse sur la possibilité de sauver l'équipage pendant la phase de propulsion des étages à poudre : cent vingt secondes au cours desquelles les astronautes sont à l'entière merci de la technologie, avec les conséquences désormais connues et dramatiques pour l'équipage de Challenger. Au contraire, lorsqu'ils conçurent leur propre navette, les Soviétiques restèrent fidèles à leur tradition. Si Bourane (c'était son nom) ressemblait étrangement au modèle américain, elle n'en comportait pas moins des sièges éjectables et, contrairement au système choisi par la NASA, n'assurait elle-même aucune propulsion au décollage : en cas d'incident, elle aurait donc pu être plus aisément séparée de son énorme fusée-porteuse, Energia. Mais Bourane ne fit qu'un vol d'essai avant d'être remisée dans un hangar ; un vol en mode automatique, autrement dit sans cosmonaute à bord !

Le temps de la course à l'espace entre Américains et Soviétiques, où il était admis que des astronautes puissent être envoyés vers la Lune avec une chance sur deux seulement de revenir sains et saufs sur Terre, le tout grâce à des fonds publics, ce temps est révolu. Pourtant, des programmes de retour sur la Lune et des vols habités au-delà sont aujourd'hui étudiés par plusieurs pays ; la possibilité d'accident et d'échec n'a donc pas disparu ; l'opiniâtreté des ingénieurs, le courage des astronautes, bref l'étoffe des héros n'est pas devenue obsolète, ni condamnée à être remisée dans les vitrines des musées de l'espace. L'échec n'est pas une option que la seule (bonne) volonté, la seule intelligence ni même l'excessive précaution suffiraient à écarter systématiquement et définitivement ; ceux qui préparent les programmes spatiaux doivent continuer à prévoir l'incident, l'accident et même le drame humain. L'exploration spatiale peut encore excéder les limites de nos possibilités : non seulement celles de nos connaissances et de nos techniques, celles de nos assurances politiques et financières, mais aussi celles de la valeur de la vie humaine. Est-il raisonnable d'élaborer et de défendre des programmes de vols habités vers la planète Mars, alors même que sont connus les dangers liés à l'exposition prolongée des équipages au rayonnement cosmique, mais pas (encore) les techniques capables de les en protéger efficacement ? Est-il raisonnable d'envoyer des humains pour une mission aussi longue et si éloignée de la Terre qu'un échange entre l'équipage arrivé sur Mars ou dans son voisinage et les centres de contrôle terrestres demandera une quarantaine de minutes ? Ceux qui défendent avec opiniâtreté la nécessité de lancer sans retard une mission vers la planète rouge afin d'y poser un pied humain paraissent minimiser ces contraintes, ces dangers, alors que leurs contradicteurs les mettent au contraire en avant et parfois les exagèrent. Qui des deux parties a tort ou raison ? Quelles que soient les techniques utilisées, une mission vers la planète rouge, si elle a lieu un jour, sera une opération immanquablement dangereuse. Le courage ne se limitera pas, pour les responsables du futur, à la décider et, pour les astronautes, à y participer ; le courage consistera aussi à prévoir et à préparer l'issue la plus fatale. Je pense ici à la tâche confiée à William Safire le 18 juillet 1969, trois jours avant l'alunissage d'Armstrong et d'Aldrin : celle d'écrire le discours qu'aurait prononcé Richard Nixon dans le cas où les deux astronautes seraient restés bloqués à la surface de la Lune. Le conseiller du président des États-Unis rédigea le texte suivant :

« En cas de désastre sur la Lune : Le sort a décidé que les hommes qui sont allés sur la Lune pour l'explorer dans un esprit de paix y resteraient pour y mourir en paix. Ces hommes courageux, Neil Armstrong et Edwin Aldrin, savent qu'il n'y a aucun espoir de les sauver. Mais ils savent aussi qu'il y a de l'espoir pour l'humanité dans leur sacrifice. Ces deux hommes ont engagé leur vie pour accomplir le but le plus noble de l'humanité : la recherche de la vérité et de la compréhension. Ils seront pleurés par leurs familles et leurs amis ; ils seront pleurés par leur nation ; ils seront pleurés par les peuples du monde ; ils seront pleurés par une Terre Mère qui a osé envoyer deux de ses fils dans l'inconnu. Dans leur exploration, ils ont incité les peuples du monde à se sentir comme formant un seul peuple ; dans leur sacrifice, ils lient plus étroitement la fraternité humaine. Dans les temps anciens, les hommes regardaient les étoiles et voyaient leurs héros dans les constellations. Dans les temps modernes, nous faisons à peu près la même chose, mais nos héros sont des hommes épiques de chair et de sang. D'autres suivront et trouveront certainement le chemin de leur maison. La recherche de l'homme ne sera pas niée. Mais ces hommes étaient les premiers et ils resteront les plus grands dans nos cœurs. Car chaque être humain qui lèvera les yeux vers la lune dans les nuits à venir saura qu'il y a un coin d'un autre monde qui est pour toujours celui de l'humanité[47]. »

Fort heureusement, ce discours n'a pas été prononcé et Richard Nixon a pu s'entretenir le 24 juillet suivant avec les trois astronautes, revenus sains et saufs de leur périple lunaire : la NASA avait réalisé le défi lancé par John Kennedy à son pays, huit années seulement auparavant : « avant que cette décennie ne s'achève, faire atterrir un homme sur la Lune et le ramener sain et sauf sur la Terre. »

Envoyés de l'humanité

Entre temps, le traité de l'espace a conféré aux astronautes et aux cosmonautes le titre et la mission d'envoyés de l'humanité. Cette expression donne à l'entreprise spatiale une dimension humaniste singulière qu'il faut associer à une autre notion juridique, celle d'apanage de l'humanité, appliquée à l'exploration et à l'utilisation de l'espace. Envoyés de l'humanité, apanage de l'humanité : les deux expressions ne manquent ni d'inspiration ni d'imprécision. Car, font remarquer les sceptiques, accorder un tel titre et une telle mission aux astronautes, aux cosmonautes, aux taïkonautes, un tel statut à l'entreprise spatiale, exige pour le moins que l'humanité ait acquis une conscience d'elle-même qu'il serait prématuré de lui accorder aujourd'hui, même cinquante ans après le traité de l'espace.

Pourtant, leur sera-t-il rétorqué, n'est-ce pas dans de telles entreprises à hauts risques, menées aux frontières de ses connaissances et de ses capacités, que l'humanité peut prendre conscience d'elle-même, du processus de globalisation dans lequel elle est désormais engagée, que ses membres en soient conscients, acteurs ou non ? Déclarer des individus envoyés de toute l'humanité et leur entreprise son apanage relevait sans nul doute, dans les années 1960, d'un idéal et d'un horizon qui ne peuvent être approchés sans courir des dangers, sans devoir évaluer et maîtriser de nombreux risques. Ceux qui ont rédigé ces textes fondateurs du droit de l'espace en étaient conscients, comme ils l'étaient d'agir aussi contre les menaces idéologiques et politiques qui ne manquaient pas à cette époque, pas plus qu'elles ne manquent aujourd'hui, y compris les menaces d'une appropriation de l'espace par des nations ou des entreprises privées, ou encore celles de son arsenalisation.

Personne n'a jamais imaginé que l'espace se laisserait conquérir sans qu'il puisse en coûter à ceux qui s'engageraient dans cette entreprise ; en Occident, l'antique mythe d'Icare est la preuve la plus éminente, sinon la plus ancienne, d'une telle conscience. Ceux qui décidèrent de conférer aux astronautes le titre singulier d'envoyés de l'humanité étaient conscients que ces hommes et ces femmes seraient parfois envoyés vers la mort, sans qu'un motif guerrier puisse être invoqué. La mort est une des conditions de l'exploration spatiale, non pas au sens d'une nécessité mais au sens d'une possibilité appartenant à sa nature même. La refuser d'emblée, c'est refuser l'entreprise elle-même. Mais la question demeure : comment un groupe de responsables institutionnels, une communauté de scientifiques, une société civile, un État peuvent-ils accepter d'engager, plus encore que des moyens scientifiques, techniques et financiers, la vie de certains de ses membres, alors que leur liberté, leur indépendance, leur sécurité, voire leur prospérité, ne sont pas en cause et moins encore en péril ?

Le drame possible, la mort à envisager rappellent à l'humanité que tout n'est pas permis, que tout n'est pas possible, qu'il lui faut choisir, prendre des décisions, s'engager, sans connaître d'avance l'issue de son entreprise. Le temps est révolu où les dieux décidaient du sort des humains ; désormais, c'est d'eux-mêmes que les humains doivent se méfier, lorsqu'ils prennent en main leurs propres existences, leurs propres destins.

Chapitre 8 :
Espace de valeurs,
valeurs de l'espace

« La découverte de l'Amérique a-t-elle été utile ou
au contraire nuisible au genre humain ? » Préoc-
cupé par la question de l'esclavage, l'abbé Raynald
a présenté un mémoire traitant de cette question
devant l'Académie de Lyon en 1787. Soixante ans
après le début de l'exploration de l'espace et au
moment où est annoncée une « ruée vers l'espace »,
nous pouvons nous interroger d'une manière analogue à celle de l'ecclésiastique français : l'exploration
de l'espace, sa conquête, son exploitation ont-elles
été, seront-elles dans l'avenir utiles ou au contraire
nuisibles au genre humain ? Chercher à répondre
à cette question appartient à la tâche de l'éthique ;
mais prétendre posséder une réponse satisfaisante
n'en reste pas moins prétentieux et même erroné.
Le contenu de cet ouvrage devrait suffire à en
convaincre ses lecteurs. Pourtant, il serait tout
aussi erroné de dénigrer les progrès que l'entreprise
spatiale a permis à notre humanité d'accomplir, les
enseignements qu'elle a pu en tirer. À côté de ceux

qui appartiennent aux champs des sciences et des techniques, je voudrais retenir ici ceux qui peuvent être considérés comme des valeurs, des valeurs humaines dois-je préciser.

Parce que l'espace est une manière singulière de dilater l'humanité aux dimensions de l'univers et de concentrer l'univers aux dimensions de l'humanité, l'espace participe véritablement au processus d'humanisation de notre espèce, au développement général, global, intégral de notre espèce, des individus comme des sociétés qui la composent. Ce développement exige de recourir à des moteurs, à des supports, à des repères, autrement dit à des valeurs héritées du passé ; dans le même temps, ce processus favorise l'émergence de nouvelles valeurs. Je ne m'attarderai donc pas ici aux valeurs morales les plus communément admises par les philosophes et les cultures humaines d'hier et d'aujourd'hui (le respect, l'accueil, l'entraide, l'écoute, la bienveillance, la fraternité, etc.) mais je retiendrai plutôt celles qui me paraissent plus singulièrement attachées à l'entreprise spatiale, en particulier au principe du patrimoine commun, à la notion d'espace des possibles, à la réalité des frontières du temps. Je m'explique.

Faire cause commune

À plusieurs reprises dans cet ouvrage, j'ai rappelé comment les activités spatiales ont contribué à la dynamique de mondialisation, puis de globalisation qui est l'une des caractéristiques des temps modernes. Lorsqu'il s'agit de construire des « routes » autour de notre planète, qu'elles soient réelles (sur terre, sur les mers ou dans les airs) ou virtuelles, les satellites apportent désormais aux ingénieurs, aux constructeurs et aux navigateurs en tous genres une aide aussi précieuse que singulière. Au choc des images fournies par les instruments en orbite autour de la Terre ou éloignés de millions de kilomètres, les astronautes mais aussi les astronomes (je pense à Carl Sagan) ajoutent le poids des mots : sous l'effet surplombant (l'*overview effect*), leurs propos pour décrire la fragile beauté de la Terre, de son atmosphère, de ses couverts forestiers, de ses vastes étendues d'eau ont soutenu la naissance des mouvements écologistes, la prise de conscience en faveur de l'environnement terrestre et continuent à les accompagner.

Sans que personne ne l'ait véritablement prévu, la Terre est effectivement devenue l'une des principales destinations, l'un des premiers objectifs des missions spatiales ; mais l'humanité n'en demeure pas moins leur raison première et ultime. Après le succès de la mission Apollo 11, nombreux ont été ceux à s'exclamer : « NOUS sommes allés sur la Lune ! » À la même période, le droit spatial a conféré aux astronautes le statut d'envoyés de l'humanité. Plus encore, lorsqu'il découvre *The Pale Blue Dot*, l'image de la Terre prise par Voyager 1 en 1990, Carl Sagan s'exclame : « C'est nous ! » L'expérience de la singularité de notre planète et même de sa solitude au sein de l'univers conduit d'abord et surtout à mesurer la singularité et la solitude de notre propre espèce humaine. Et cette expérience devient aussi celle de son unité : « Nous sommes un ! » Dans le même temps, le développement exponentiel des moyens de communication, des réseaux sociaux permet l'émergence de fédérations de divers types. En France, après l'attentat contre le journal *Charlie Hebdo*, un mouvement de protestation et de solidarité se crée autour du slogan : « Je suis Charlie ! » Ce type d'identification prend une telle ampleur que chacun d'entre nous peut même dire : « Je suis la foule ! » (Jacques Blamont). Nous retrouvons le double processus de dilatation et de concentration que j'ai indiqué à propos de l'exploration spatiale et considéré comme une contribution majeure à notre humanisation.

L'espace ne nous offre pas seulement l'expérience de notre unité ; il nous invite aussi à faire cause commune. C'est ce que j'ai voulu souligner dans mon analyse de la notion de patrimoine commun. Ce fondement du droit de l'espace n'est pas une simple lubie de juriste. Ou, plutôt, il le serait s'il n'était interprété qu'en terme de non-appropriation ; dans ce cas, défendre les corps célestes comme un patrimoine commun de l'humanité, leur exploration et leur exploitation comme son apanage serait risible : comment l'humanité pourrait-elle prétendre prendre possession de cet espace dont nous ne connaissons même pas les limites ? En revanche, si la revendication et la défense de l'espace comme patrimoine commun de l'humanité signifient et impliquent une commune responsabilité vis-à-vis des corps célestes progressivement explorés ou même exploités par les humains, cette notion mérite d'être prise au sérieux et son application aux entreprises humaines sérieusement envisagée et défendue. Certes, les projets des entrepreneurs du NewSpace bousculent les interprétations et les mises en œuvre de la notion de patrimoine commun jusqu'alors admises ; mais il n'y a là rien de catastrophique : il s'agit seulement de relever le défi de faire évoluer nos actions, nos engagements, nos manières de penser et d'agir, bref notre éthique, sans nécessairement oublier ni renier les valeurs introduites à la naissance effective des activités spatiales. Qu'il s'agisse de poursuivre l'exploration de l'espace (et, aujourd'hui, de préparer des missions vers la Lune et vers Mars) ou d'exploiter plus intensivement encore les orbites autour de la Terre, nous devons impérativement penser en termes de patrimoine commun, de responsabilité commune ou encore, comme je l'ai mentionné, de développement durable. Au nom d'un unique et commun souci pour notre humanité.

Toutefois, nous ne devons pas nous laisser fasciner ni berner par cette expérience de globalité et de communauté : notre humanité tout comme notre Terre possèdent encore et posséderont toujours des frontières. Oui, depuis l'espace, les frontières entre humains, naturelles et artificielles, restent visibles. Il ne s'agit pas seulement d'un fait regrettable dont nous devrions nous accommoder ou que nous devrions ignorer ou impérativement combattre ; il s'agit d'une nécessité, d'un impératif de survie pour notre espèce. Si nous avons besoin, comme membres d'une espèce, de mesurer, d'éprouver, de défendre aussi ce qui nous unit et nous rassemble, nous avons tout autant besoin de découvrir et de reconnaître ce qui nous différencie ; nous avons besoin de frontières qui sont à la fois des limites à nos libertés, à nos ambitions personnelles et des supports, des points d'appui pour établir des liens, des relations réalistes et raisonnables entre nous, entre nos sociétés. Dans l'espace, cette réalité s'illustre dans le double processus dynamique de la compétition et de la coopération.

L'histoire de l'espace peut en effet être lue et interprétée comme une suite de compétitions et de coopérations entre les pays et désormais avec les entreprises privées qui se sont successivement engagées dans l'acquisition et le développement des techniques astronautiques. Mais la compétition et la coopération sont davantage que des clés de lecture historique ; elles constituent de réels moteurs et de véritables valeurs de l'espace. Si la compétition soutient la course à la Lune et explique le succès américain de juillet 1969, la coopération est le fondement essentiel de la réalisation de la station spatiale internationale, l'ISS, le plus grand objet artificiel jamais placé en orbite et sans doute l'un des objets les plus complexes jamais réalisé par l'humanité. Or, il convient de ne pas opposer trop radicalement compétition et coopération ; différentes dans leur esprit, toutes deux se ressemblent sur un point : elles exigent la claire définition d'un objectif commun et unique, à atteindre le premier ou ensemble. Autrement dit, ceux qui luttent dans une compétition comme ceux qui entreprennent un projet de coopération font tous, de manière certes différente, cause commune. À la condition que nous prenions toujours soin de définir ou de préciser les raisons d'être et les finalités, les moyens et les conséquences de nos activités et de nos entreprises spatiales, nous devrons les mener dans le souci de tous, dans la perspective d'une cause commune, en recourant selon les circonstances à la dynamique de la compétition ou à celle de la coopération.

L'espace des possibles

J'ai évoqué la révolution astronomique qui a eu lieu en Occident au début du XVIIe siècle ; j'ai expliqué comment la conception du ciel et plus largement du réel a été bouleversée par les découvertes de Galilée, de Kepler, de leurs collègues et successeurs. Le monde n'est plus un cosmos, une totalité belle et ordonnée au centre de laquelle l'humanité se trouve enfermée à la surface d'une Terre imparfaite et périssable ; le monde est désormais un univers dont le centre est partout et la circonférence nulle part, selon une formule philosophique particulièrement adaptée. Les repères, les règles, les alliances du passé ont disparu : l'humanité ne trouve nulle part ailleurs qu'en elle-même ce qui constituera son destin. Certes, sa liberté n'est pas devenue totale : son futur reste largement défini par son environnement, prévisible ou non, par son patrimoine naturel, par ses traditions culturelles, par ses capacités techniques, par ses ignorances. Mais l'humanité se trouve désormais au seuil d'un espace de possibles auquel elle n'avait pas pensé jusqu'alors : son futur n'est pas un destin, ni même un avenir écrit par avance ; il est en partie ce qu'elle entreprendra de faire, d'en faire.

L'espace participe largement à cette nouvelle condition. Il n'y a rien d'excessif dans les propos enthousiastes d'Hannah Arendt qui ouvrent le prologue de son essai sur la *Condition de l'homme moderne*. La philosophe allemande évoque le premier Spoutnik, qui, en octobre 1957, gravite durant quelques semaines autour de la Terre « conformément aux lois qui règlent le cours des corps célestes, le Soleil, la Lune, les étoiles ». Sublime compagnie, écrit la philosophe, même si elle est éphémère ; événement que « rien, pas même la fission de l'atome, ne saurait éclipser », car il marque « le premier *pas vers l'évasion des hommes hors de la prison terrestre*[48] ». Mais il ne suffit pas de prendre conscience, de prendre acte de cette évasion ; il est question de plus encore, je veux parler d'une exploration.

À côté d'une réflexion sur l'élan qui, depuis son émergence, fait de l'humanité une espèce particulièrement douée pour l'exploration (voir « Chapitre 6 : L'odyssée de l'espace »), il faut prendre la mesure ou plutôt la démesure du territoire dont l'humanité a entrepris l'exploration depuis le premier Spoutnik. À l'image de la découverte de « l'infiniment petit », celle de « l'infiniment grand » paraît sans limites ou, plus exactement, les seules limites paraissent être celles de l'intelligence humaine, de ses connaissances, de ses techniques : le champ des possibles est anthropocentré et ses dimensions « anthropo-

dépendantes ». C'est pourquoi, à côté de la responsabilité associée à cette caractéristique de l'espace
(que je viens de rappeler avec l'idée de « cause commune »), la conscience et la mesure du risque sont
des valeurs indispensables.

J'ai en effet montré comment l'idée même du risque naît avec la fin de la conception cosmique de la
réalité : les humains sont devenus plus forts que les
dieux, plus forts que le destin jusqu'alors imposé ; ils
ont accepté que leur sort dépende de leurs propres
actions, de leurs propres initiatives, de leurs propres
choix, de leurs propres erreurs, de leurs propres
échecs. Il ne s'agit pas d'oublier le mot attribué à
Gene Kranz par le réalisateur du film *Apollo XIII* :
« *Failure is not an option* – L'échec n'est pas une
option » ; cet impératif reste parfaitement val-
able pour la conduite des affaires spatiales, surtout
lorsque des humains y sont directement impliqués.
Mais l'impératif d'Elon Musk n'en est pas moins vrai :
« L'échec est ici une option. Si l'échec n'est possible,
c'est que vous n'avez pas suffisamment innové. »
Tout le paradoxe de l'innovation, toute l'ambiguïté
de l'exploration reposent sur la nécessité d'honorer,
d'accepter les deux impératifs : seule leur association
ouvre l'espace des possibles à long terme, de manière
durable. Je pense ici à la réponse que je donne aux
jeunes, lycéens ou étudiants, qui me demandent des
conseils pour s'orienter vers les métiers de l'air et
de l'espace : « Évalue tes capacités, tes possibles . . .
et vise un peu au-dessus. Prends un risque, mais
conscient et raisonnable. » En matière d'espace et
d'éthique spatiale, il n'y a pas d'autre solution, j'en

suis convaincu, du seul fait que nous ne sommes qu'au commencement de sa découverte, au seuil d'immenses *terrae incognitae*, de territoires inconnus illimités.

Le verdict du temps

Tout en imaginant des « merveilles scientifiques » comme le chronoscaphe, le transmuteur de matière ou encore l'hyperespace et en devenant ainsi l'un des maîtres de la science-fiction spatiale, Arthur C. Clarke a participé à la naissance effective de l'astronautique moderne. Membre de la *British Interplanetary Society*, il publie, en 1939, un article intitulé « *We Can Rocket To The Moon-Now!* » En 1945, il envoie une lettre au rédacteur en chef de la revue *Wireless World* intitulée « *Peaceful Uses for V2* », dans laquelle il envisage le lancement de satellites géostationnaires : la même année, la revue publie son article « *Geostationary Satellite Communications* » ; il s'agit d'une des plus célèbres « prédictions » de Clarke. Paradoxalement, ce visionnaire et cet aficionado de l'espace écrit, dix ans après la mission Apollo XI, que les voyages spatiaux correspondent à une « mutation technologique qui n'aurait pas dû émerger avant le XIXe siècle[49] ». Quelle surprise d'entendre l'un des prophètes du futur regretter que celui-ci soit arrivé trop vite, alors que John Kennedy avait affirmé, dans son discours du 12 septembre 1962 : « Nous ne sommes pas disposés à reporter[50]. » En réalité, il n'a jamais été facile pour l'espace de gérer le temps, d'en gérer les contraintes, surtout lorsqu'il est question du futur.

Il paraît évident que le langage du futur n'a jamais été délaissé par les organismes publics et officiels, chargés des programmes spatiaux. Chacun de ces programmes s'étend nécessairement sur un laps de temps qui ne manque jamais d'échéance ni d'horizon : depuis les premières ébauches jusqu'au début de la mise en œuvre technique, depuis le lancement jusqu'à la fin de la mission, ce sont souvent des tranches de décennie qu'il faut égrener. Jamais non plus, ces institutions n'ont masqué les difficultés à affronter, les défis technologiques à relever ; elles n'hésitent pas à évoquer les « hauts risques » associés à l'arrivée d'une sonde automatique sur le sol de la planète Mars, alors même qu'aucune existence humaine n'est en réalité mise en danger. L'espace s'écrit toujours au futur ; pourtant ses acteurs institutionnels et habituels rencontrent aujourd'hui de sérieuses difficultés lorsqu'il s'agit de présenter leurs programmes aux pouvoirs politiques et aux opinions publiques. Ces difficultés proviennent d'un équilibre difficile ou peut-être impossible à trouver entre l'apparente répétition des missions spatiales, leur banalisation et, simultanément, le caractère exceptionnel des vols habités réservés à une élite (mais pour combien de temps encore ?). Je ne crois pas que les entreprises du NewSpace échappent longtemps à une semblable difficulté, à un pareil défi.

La singularité culturelle de l'humanité, dont les divers artefacts sont les plus explicites illustrations, ne signifie pas qu'elle puisse échapper totalement à une réalité qui est aussi celle de la nature : l'évolution des êtres vivants est caractérisée par deux rythmes différents, celui des transformations lentes, soutenues, à peine perceptibles et celui des événements soudains, des catastrophes qui bousculent d'un coup une portion du vivant jusque dans ses fondations. Nos sociétés, nos activités subissent les mêmes contraintes du temps. Le savoir, l'accepter appartient à la sagesse, à l'éthique dirais-je maintenant, que nous devons individuellement, collectivement et professionnellement acquérir. L'une des clés est probablement la bonne gestion du *kairos*, autrement dit du moment opportun et, pour ce qui concerne l'espace, du moment opportun d'affronter l'inconnu : est-ce encore trop tôt, est-ce déjà trop tard ? À cet instant, l'être humain, les êtres humains se trouvent seuls face à un choix à accomplir. À la notion de *kairos* se trouve ainsi associé l'impératif de l'intime conviction.

L'intime conviction ne peut se résumer à une impression qui serait générale, rapide ou superficielle ; elle exige au contraire que soient passés au crible de la raison, soumis à la rigueur de la réflexion chaque composant du dossier, chaque élément de preuve, chaque pièce du procès à conclure ou de la procédure à démarrer. Invoquer, demander, exiger l'intime conviction est plus qu'une simple formalité, plus qu'une banale méthode de travail, plus qu'une évidente posture mentale. L'intime conviction associe la recherche du bien, individuel et collectif, à une forme de modestie devant la réalité des faits, l'imperfection du savoir, la responsabilité de l'instance de jugement, la gravité des conséquences de la décision. Parce qu'elle conjugue le penser et l'agir, la pratique de l'intime conviction relève d'une véritable posture éthique, avec une caractéristique essentielle, même si elle paraît à première vue paradoxale, celle de la collégialité. C'est là une véritable contrainte, il faut le préciser et l'admettre, car elle exige du temps, de la patience, de la concertation, avant de prendre la décision qui se définit alors comme un verdict, « un dire vrai humain du moment[51] ». Les exigences, les contraintes, enfin l'esprit qui constituent et inspirent l'intime conviction sont donc la méthode, la réflexion, l'humilité, la collégialité, sans oublier la maîtrise du moment du dénouement qui peut être un compte-à-rebours puisqu'il s'agit d'un temps cerné par l'expérience du passé et l'attente de l'avenir, d'un « intervalle dans le temps entièrement déterminé par des choses qui ne sont plus et par des choses qui ne sont pas encore » (Hannah Arendt). Ce temps est celui du risque par excellence, de quelque chose qui pourrait être rapproché de l'instant de vérité, du verdict du temps.

Il existe un risque, je le reconnais, à proposer ces valeurs comme issues de l'entreprise et de l'expérience que nous, les humains, avons acquis, après plus d'un demi-siècle d'entreprise spatiale. Ce risque serait de nous en tenir à ces valeurs, à pratiquer une forme de dogmatisme, de fondamentalisme. Non, ces valeurs ne sont au mieux que des contraintes assumées, acceptées ou, plutôt des repères proposés ; elles doivent inspirer, autrement dit pousser à l'action, à l'engagement et non alimenter la frilosité ou, pire encore, l'hypocrisie. Elles doivent être au service de l'« en avant ». Le 12 avril 1961, au moment où sa fusée quittait le sol de Baïkonour, Youri Gagarine se contenta d'annoncer : « Poyekhali ! On est parti ! »

Conclusion :
L'espace, ou l'odyssée du futur

Odyssée : le titre du poème d'Homère, qui raconte le périlleux voyage d'Ulysse, désigne désormais tout récit de voyage rempli d'aventures et, plus largement, toute succession d'événements extraordinaires dans la vie d'une personne ou d'un groupe. Le terme d'odyssée s'applique donc à l'entreprise spatiale : comme l'*Odyssée* de l'antique poète, l'espace foisonne de dieux, de héros et d'êtres inconnus, de rivages exotiques, de lieux inhospitaliers et de « terres-patries » (Michel Serres), de combats sans pitié, de défis impossibles et d'alliances inattendues. Dès lors, entendons-nous autour de nous, pourquoi l'espace devrait-il s'encombrer du poids d'une réflexion éthique ? Ne doit-il pas, au contraire, être libre de toute contrainte pour permettre aux humains d'en profiter et d'en jouir pleinement, d'y trouver l'occasion d'un plein accomplissement de notre destinée humaine, personnelle et collective, quitte à revenir ensuite, « plein d'usage et raison » « sur cette bonne Terre » (Frank Borman, Apollo 8).

Car il faut le reconnaître : même si l'éthique peut être perçue comme une passionnante odyssée, comme le passage de l'ignorance, de la croyance (je peux) à la réalité, au choix (je fais), l'éthique est aussi un poids. Non seulement le poids nécessaire des lois, des normes ou des codes de bonne conduite, mais aussi et avant tout le poids de la réflexion : il est pesant, contraignant, difficile de penser, de nous engager dans une voie qui oblige à nous interroger sans répit sur le « pourquoi ? » et le « comment ? » de nos comportements et de nos choix. Pour répondre à ces questions, nous devons associer différents champs de la connaissance et de la recherche : science et expertise, histoire et sociologie, philosophie et épistémologie, etc. Nous devons nous doter des moyens convenables et nécessaires à la conduite d'une analyse critique, à l'élaboration d'un avis, à la prise d'une décision. Bâtir une telle intelligence collective est effectivement pesant, difficile et exige du temps. Car les opinions et les affirmations peuvent être différentes, parfois divergentes ; les susciter, les recueillir, les confronter sont pourtant des opérations constitutives de la démarche éthique.

Pourtant, comme je l'ai montré dans cet ouvrage, l'espace doit poursuivre le processus éthique dans lequel il est effectivement engagé depuis une vingtaine d'année. C'est même, j'en suis convaincu, une manière de préparer et d'assurer son futur. Les pages précédentes ont décrit ce qui constitue les premières étapes de l'éthique spatiale : la mise en place de règlements et de procédés afin de gérer l'utilisation de l'espace circumterrestre, l'élaboration d'accords afin de mettre en œuvre le concept de patrimoine commun de l'humanité, les conditions des missions d'exploration d'autres planètes, l'esprit des vols habités et du tourisme spatial, la gouvernance du passage de l'exploration à l'utilisation et à la commercialisation, etc. De nouveaux dossiers ne manqueront pas d'apparaître dans le futur, qu'ils appartiennent ou non à ce qu'il est possible de prévoir aujourd'hui. Des analyses seront conduites, des décisions prises, heureuses ou malheureuses. En réalité, il est impossible d'en dire davantage aujourd'hui : l'espace sera ce que nos héritiers y feront et en feront.

Il faut garder confiance. Je l'ai écrit : depuis qu'il en porte le nom, *Homo sapiens sapiens* a toujours pratiqué l'interrogation éthique, la plupart du temps sans le savoir. Le défi consiste à lui donner les moyens de poursuivre cette tâche, avec toujours plus d'efficacité, de discernement, de clairvoyance, de prise de distance, bref de ce que toutes les cultures qualifient de sagesse. Notre domaine de possibles dans l'espace doit être mieux connu, mieux occupé, avant même d'être plus étendu.

L'odyssée de l'espace mérite notre intérêt non seulement pour les principes auxquels elle a déjà eu et devra avoir encore recours (la coopération, le souci de l'intérêt commun, l'esprit d'innovation), mais aussi parce que l'humanité poursuit de cette manière la quête ininterrompue qui l'a construite et modelée au cours de son histoire et qui continue à le faire : concentrer le monde à ses dimensions humaines et se dilater aux dimensions du monde.

Annexes
Annexe 1 : Les animaux de l'ombre

19 septembre 1783 : depuis les jardins du château de Versailles, près de Paris, s'envole un aérostat, un plus-léger-que-l'air conçu par les frères Montgolfier. À bord de la nacelle en osier ont été embarqués un mouton, un coq et un canard. Devant le roi Louis XVI, les premiers aérostiers de l'histoire s'élèvent jusqu'à l'altitude de 480 mètres et, après un vol d'une dizaine de minutes, se posent dans le bois de Vaucresson., à quelques kilomètres de distance L'atterrissage est brutal : le coq souffre d'une patte cassée. Deux mois plus tard, le 21 novembre, Pilâtre de Rozier et le marquis d'Arlande effectuent un vol d'une vingtaine de minutes, depuis l'ouest de Paris : contrairement aux animaux qui les ont devancés, ils ont pu alimenter le feu de leur aérostat et rester plus longtemps en l'air.

3 novembre 1957 : un mois à peine après le vol de Spoutnik 1, le premier satellite artificiel envoyé dans l'espace, une fusée soviétique décolle de la base de Baïkonour, au milieu de la steppe du Kazakhstan.

À son bord se trouve Laïka, une chienne bâtarde recueillie dans les rues de Moscou et entraînée par les savants soviétiques en vue de devenir le premier être vivant de l'espace. Après neuf orbites autour de la Terre, la température à l'intérieur de la capsule se met à augmenter pour dépasser les 40°C, faute de protection suffisante contre les radiations solaires ; Laïka meurt de chaleur et de déshydratation.

« L'URSS a choisi un chien car c'était l'animal le plus connu de l'école physiologique soviétique », explique Michel Viso du CNES, tout comme le mouton, le coq et le canard l'étaient des savants de la fin du XVIIIe siècle. Dans les deux cas, il fallait prouver qu'un être vivant pouvait survivre à des conditions aussi inhabituelles pour lui que le vol (le canard servait alors de modèle) ou l'apesanteur.

Laïka n'est pas le premier cobaye de la conquête de l'espace. Dès 1947, des mouches drosophiles sont installées à bord d'une fusée V2, afin d'étudier les effets des rayonnements en haute altitude sur les organismes vivants ; à la même époque, des rats, des souris et des lapins servent à des expériences similaires, à bord de ballons. Entre 1948 et 1951, les États-Unis envoient six singes rhésus (d'Albert I à Albert VI) à bord de fusées pour rejoindre les frontières de l'espace ; aucun ne tourne autour de la Terre et seul le sixième survit, mais seulement momentanément, après avoir atteint l'altitude de 72 km. Avant « l'exploit » de Laïka, les chiens soviétiques Tsygan et Dezik survivent effectivement à un vol suborbital à 100 km d'altitude, en juillet 1951. Le vol de Youri Gagarine, le 12 avril 1961, est précédé par celui des chiennes Belka et Strelka qui reviennent vivantes de leur périple . . . et entrent dans la légende.

Aux États-Unis, les singes continuent à préparer dans l'ombre les premiers vols habités par des humains. En mai 1959, Miss Baker, un singe écureuil, et Miss Able, un singe rhésus, accomplissent un vol suborbital à bord d'un missile intercontinental ; en janvier 1961, Ham est le premier chimpanzé à aller dans l'espace grâce à une fusée du programme Mercury ; en novembre de la même année, Enos accomplit un voyage en orbite autour de la Terre mais meurt six mois après sa mission . . .

Après le vol inaugural de Gagarine et la maîtrise croissante des vols habités, pourquoi les agences spatiales recourent-elles encore aux animaux ? Tout simplement parce que l'être humain « n'est pas le cobaye idéal, car il n'est pas possible de mener les mêmes examens approfondis sur l'organisme », explique encore Michel Viso. Les scientifiques continuent donc à envoyer des cobayes dans l'espace et les choisissent en fonction de leurs objectifs de recherche. Après le rat Hector et la chatte Félicette, envoyés dans l'espace par des fusées françaises en 1961 et en 1964, deux poissons « choquemort » et deux araignées, Arabelle et Anita, testent en apesanteur leurs capacités respectivement à nager ou à tisser une toile à bord du Spacelab américain en 1973. Peu auparavant, les Soviétiques soumettent au même régime d'apesanteur des tortues qui accomplissent la plus longue mission animale dans l'espace : quatre-vingt-dix jours. Le thème de la reproduction dans l'espace n'intéresse pas seulement les médias à la recherche de sensationnel, mais aussi les chercheurs : ils ont recours à des salamandres à bord de l'ISS en 1996 et en 1998, à des geckos en 2004 (dont la capsule Photon-M4 est malheureusement perdue) ; ils inséminent (avec succès) du sperme de souris ayant séjourné neuf mois à bord de l'ISS. L'atrophie musculaire et la perte osseuse, conséquences des longs séjours dans l'espace, sont étudiées sur des animaux aussi divers que des souris, des gerbilles de Mongolie, des lézards ou des escargots.

Les animaux ont donc été jusqu'à présent des émissaires des humains dans l'exploration de l'espace plutôt que de simples cobayes. Aurons-nous encore recours à eux demain pour aller plus loin et plus longtemps dans l'espace ? L'éthique peut aider à élaborer la réponse à cette question.

Annexe 2 : La guerre des étoiles ?

Beaucoup d'experts se demandent s'il convient ou non de parler d'une militarisation de l'espace. Depuis que le traité de 1967 a prévu que la Lune et les autres corps célestes ne pourraient être utilisés qu'à « des fins exclusivement pacifiques », depuis que ce même traité a formellement interdit « les essais d'armes de tous types et l'exécution de manœuvres militaires », mais s'est contenté d'interdire de « placer sur orbite des engins porteurs d'armes nucléaires ou de destruction massive », la question n'a pas cessé d'être posée. Dans les faits, les forces armées font un usage essentiellement immatériel de l'espace ; autrement dit, ils en usent pour recueillir et transporter des informations, à partir ou par l'intermédiaire d'engins spatiaux : l'espionnage d'une part, qu'il s'agisse d'observation ou d'écoute ; la transmission, d'autre part, c'est-à-dire les télécommunications. Il n'est pas inutile de prendre la mesure de cet usage. Ainsi, dans le cadre du programme *Global Information Dominance*, les États-Unis ont créé une agence spécialisée, la National Imagery and Mapping Agency (NIMA), regroupant 9 000 personnes, chargée de centraliser l'ensemble des images obtenues par les satellites militaires (en particulier la série des Key Hole et des Lacrosse, dont la résolution atteindrait 10 cm ou moins encore) et d'en assurer le traitement. De son côté, la National Security Agency (NSA) emploie 38 000 personnes, dont 20 000 aux Etats-Unis. Quant au National Reconnaissance Office (NRO), son objectif est aussi clair que sa devise : « La sentinelle de la liberté dans l'espace. Une équipe qui révolutionne la reconnaissance globale ». On connaît par ailleurs le débat autour de la collaboration britannique au réseau d'écoute Echelon, dans le cadre du traité UKUSA qui lie les États-Unis, le Royaume-Uni, le Canada, l'Australie et la Nouvelle-Zélande. Ce réseau s'appuie sur les performances d'écoute atteintes grâce à l'alliance de l'ordinateur et du satellite (en particulier des satellites Trumpet et Vortex-2 dont l'antenne possèderait un diamètre de 150 mètres). Le réseau Echelon serait capable d'espionner, trier, décrypter, archiver et traiter trois millions par minute de communications téléphoniques transmises par satellite, autrement dit les conversations téléphoniques, les télécopies, les messages Internet et tous les échanges de données informatisées.

L'usage matériel de l'espace à des fins militaires reste jusqu'à présent limité, soit du fait des accords internationaux qui interdisent le déploiement de certaines armes, soit du fait d'une volonté politique ou des contraintes technologiques. Si, pour recourir

à une comparaison avec l'Antarctique, sont interdits sur ce continent toute activité exercée à des
fins de souveraineté nationale et tout essai d'arme
militaire, le traité de 1967 limite, dans l'espace,
cette interdiction aux seules armes nucléaires et à
celles de destruction massive. En tout état de cause,
l'espace sert uniquement de lieu de passage pour les
missiles intercontinentaux, sans que son caractère
pacifique en soit juridiquement violé ; et le traité
sur les systèmes de missiles anti-balistiques (ou
ABM pour *Anti-Ballistic Missile*) interdit aux États
le développement, le test ou le déploiement de tels
systèmes en mer, dans l'air, dans l'espace ou encore
sur des plates-formes terrestres mobiles.

Le traité de l'espace de 1967 et la question de la militarisation

« *Les États parties au présent Traité,*

S'inspirant des vastes perspectives qui s'offrent
à l'humanité du fait de la découverte de l'espace
extra-atmosphérique par l'homme,

Reconnaissant l'intérêt que présente pour
l'humanité tout entière le progrès de l'exploration
et de l'utilisation de l'espace extra-atmosphérique
à des fins pacifiques, [...]

Désireux de contribuer au développement d'une
large coopération internationale en ce qui concerne
les aspects scientifiques aussi bien que juridiques
de l'exploration et de l'utilisation de l'espace extra-
atmosphérique à des fins pacifiques, [...]

Rappelant la résolution 1884 (XVIII), qui engage les États à'abstenir de mettre sur orbite autour de la terre des objets porteurs d'armes nucléaires ou de tous autres types d'armes de destruction massive et d'installer de telles armes sur des corps célestes, résolution que l'Assemblée générale des Nations Unies a adoptée à l'unanimité le 17 octobre 1963,

Tenant compte de la résolution 110 (II) de l'Assemblée générale des Nations Unies en date du 3 novembre 1947, résolution qui condamne la propagande destinée ou de nature à provoquer ou à encourager toute menace à la paix, toute rupture de la paix ou tout acte d'agression, et considérant que ladite résolution est applicable à l'espace extra-atmosphérique, interdite non plus l'utilisation de tout équipement ou installation nécessaire à l'exploration pacifique de la lune et des autres corps célestes. [. . .]

Sont convenus de ce qui suit :

Article III

Les activités des États parties au Traité relatives à l'exploration et à l'utilisation de l'espace extra-atmosphérique, y compris la lune et les autres corps célestes, doivent s'effectuer conformément au droit international, y compris la Charte des Nations Unies, en vue de maintenir la paix et la sécurité internationales et de favoriser la coopération et la compréhension internationales.

Article IV

Les États parties au Traité s'engagent à ne mettre sur orbite autour de la terre aucun objet porteur d'armes nucléaires ou de tout autre type d'armes de destruction massive, à ne pas installer de telles armes sur des corps célestes et à ne pas placer de telles armes, de toute autre manière, dans l'espace extra-atmosphérique.

Tous les États parties au Traité utiliseront la lune et les autres corps célestes exclusivement à des fins pacifiques. Sont interdits sur les corps célestes l'aménagement de bases et installations militaires et de fortifications, les essais d'armes de tous types et l'exécution de manœuvres militaires. N'est pas interdite l'utilisation de personnel militaire à des fins de recherche scientifique ou à toute autre fin pacifique. N'est pas interdite non plus l'utilisation de tout équipement ou installation nécessaire à l'exploration pacifique de la lune et des autres corps célestes. »

Sans pénétrer dans les arcanes du droit et de la terminologie, il convient toutefois de distinguer l'arsenalisation de l'espace (en anglais : *space weaponisation*) et sa militarisation. Au sens du déploiement et à la mise en œuvre d'armes conventionnelles, il est exact d'affirmer que l'espace n'est pas aujourd'hui le lieu d'une véritable arsenalisation ; pour autant, les États-Unis paraissent en passe de la mener, au nom de leur volonté de *space dominance*, de domination de l'espace et de domination par les moyens spatiaux. En revanche, il faut reconnaître que la militarisation de l'espace est un processus déjà largement entamé, dès lors que ce terme désigne le processus qui aboutit à la contribution directe de moyens spatiaux dans les opérations de projection de puissance et dans la conduite d'opérations militaires.

Si, durant une trentaine d'années et jusqu'à la première guerre du Golfe, l'espace a eu un intérêt essentiellement stratégique, la situation a changé avec la place grandissante accordée à l'information dans l'usage des armes modernes : la maîtrise de l'information garantit plus que jamais la liberté d'action des forces armées, comme le reconnaissent désormais les états-majors. La conclusion s'impose : les États-Unis ont clairement militarisé l'espace à leur avantage ; d'autres pays, dont la France, sont en train de suivre le même processus, pour la planification et pour la conduite des opérations. John Logsdon, un grand connaisseur des affaires et des politiques spatiales, a donc raison de conclure : « Il est temps d'accepter la réalité : la situation des cinquante dernières années où l'espace était non seulement un bien commun mais aussi un sanctuaire, à l'abri des conflits armés est arrivé à son terme. » Il faut même aller plus loin et remettre en cause l'idée, peut-être trop confortable, de dualité de l'espace, autrement dit d'une séparation stricte entre les domaines civil et militaire.

Est-il encore possible de parler d'espace dual lorsque les forces armées prennent l'habitude de recourir aux services des systèmes civils de télédétection ? Les forces irakiennes lors du conflit avec l'Iran, les forces américaines au cours de l'opération *Desert*

Storm, les forces de l'OTAN pour intervenir en Bosnie et en Serbie ont eu recours aux images des satellites civils Spot. Est-il encore possible de parler d'espace dual, lorsque le GPS, destiné à l'origine aux militaires américains, est devenu un outil spatial aux innombrables applications civiles ? Est-il encore question d'espace dual lorsque le système d'observation français Pléiades fournit des images aux renseignements militaires, avec l'assurance d'une totale confidentialité de leurs demandes comme de la sécurité des communications, mais surtout la priorité absolue sur les demandes émanant des acteurs civils ? Bref, une fois levée la barrière posée entre le civil et le militaire, que reste-t-il de la dualité de l'espace ? Ne conviendrait-il pas de parler plutôt de gémellité, d'admettre les similitudes et les connivences ?

Prendre acte d'une telle évolution conduit à confier aux agences spatiales civiles de nouvelles tâches. Celle de faire respecter les choix énoncés et ratifiés en 1967, d'alerter les responsables et l'opinion publique quant aux conséquences de certaines pratiques militaires sur l'usage pacifique de l'espace (par exemple, l'installation de lasers à bord de satellites). Celle aussi de veiller à l'usage possible des données récoltées et transmises par les satellites civils à des fins terroristes ou hors-la-loi. Cette dernière tâche est rendue compliquée du fait que l'espace apparaît ici comme une métaphore du capitalisme : la possession de la technologie ou de l'argent peut assurer à elle seule la possession du pouvoir, en dehors de toute contrainte juridique, réglementaire, politique. La réflexion éthique, en ce domaine, n'en est encore qu'au stade des balbutiements.

Bibliographie

Alby, Fernand ; Arnould, Jacques and Debus André. *La pollution spatiale sous surveillance*. Paris : Ellipses, 2007.

Arnould, Jacques. *Qu'allons-nous faire dans ces étoiles ? De l'éthique dans la conquête spatiale*. Paris : Bayard, 2009.

Arnould, Jacques. *La Terre d'un clic. Du bon usage des satellites*. Paris : Odile Jacob, 2010.

Arnould, Jacques. *Icarus' Second Chance. The Basis and Perspectives of Space Ethics*. New York: Springer, 2011.

Arnould, Jacques. *Le rire d'Icare. Essai sur le risque et l'aventure spatiale*. Paris : Cerf, 2013.

Arnould, Jacques. *Une perle bleue. L'espace, la Terre et le changement climatique*. Paris : Cerf, 2015.

Arnould, Jacques. *Impossible horizon. The essence of space exploration*. Adelaide: ATF Press, 2017.

Arnould, Jacques. *Oublier la Terre ? La conquête spatiale 2.0*. Paris : Le Pommier, 2018.

Arnould, Jacques. *La Lune m'a dit. Cinquante ans après le premier homme sur la Lune*. Paris : Cerf, 2019.

Dator, James A. *Social Foundations of Human Space Exploration*. New York: Springer-ISU, 2012.

Hart, John. *Cosmic Commons. Spirit, Science, & Space.* Eugene (OR): Cascade Books, 2013.

McCurdy, Howard E. *Space and the American Imagination*. Washington & London: Smithsonian Institution Press, 1997.

Milligan, Tony. *Nobody Owns the Moon. The Ethics of Space Exploration*. McFarland, 2016.

O'Neill, Gerard. *The High Frontier. Human Colonies in Space*. New York: William Morrow & Company, 1977.

Schneider, Jean and Léger-Orine, Monique (éd.). *Frontières et conquête spatiale. La philosophie à l'épreuve*. Dordrecht/Boston/London : Kluwer Academic Publishers, 1988.

Schwartz, James S.J and Milligan, Tony (editors). *The Ethics of Space Exploration*. New York: Springer (Space and Society), 2016.

Wolfe, Tom. *The Right Stuff*. New York: Farrar-Straus-Giroux, 1983.

Notes
(Endnotes)

1. Dator, James A. *Social Foundations of Human Space Exploration*. New York: Springer-ISU, 2012, p. 79.
2. Cf. Duhem, Pierre. *Le système du monde. Histoire des doctrines cosmologiques de Platon à Copernic*, t. X. Paris : Hermann, 1965, p. 324.
3. Quoted in Koestler, Arthur. *The Sleepwalkers: A History of Man's Changing Vision of the Universe*. London: *Pelican, 1968. 378*.
4. Cf. Annah Harendt, *Condition de l'homme moderne*. Paris : Calmann-Lévy, 1983, p. 33–34.
5. Dans une lettre adressée le 12 août 1911 à l'ingénieur Boris Vorobiev.
6. Cf. McCurdy, Howard E. *Space and the American Imagination*. Washington/London: Smithsonian Institution Press, 1997.
7. Ducrocq, Albert. « Éthique spatiale. Une bonne intention qui pourrait fort mal servir la cause de l'espace ». *Air et Cosmos*. 1686 (1999), p. 39.
8. Foucault, Michel. « Qu'est-ce que les Lumières ? » (1984) in *Dits et écrits. 1954–1988*, tome IV : 1980–1988. Paris : Gallimard, 1994. 568.
9. Salomon, Jean-Jacques. *Survivre à la science. Une certaine idée du futur*. Paris : Albin Michel, 1999, p. 303.

10. Jonas, Hans. *Le Principe Responsabilité. Une éthique pour la civilisation technologique.* Paris : Flammarion, 1990, p. 40.

11. Pons, Walter. *Steht uns der Himmel offen ? Entropie-Ektropie-Ethik. Ein Beitrag zur Philosophie des Weltraumzeitalters.* Wiesbaden : Krausskopf Verlag, 1960.

12. *Public Papers of the Presidents of the United States.* 1962. vol. 1. 669–670.

13. Lovell, Bernard. *The Exploration of Outer Space.* New York : Harper & Row, 1962.

14. Cf. Arnould, Jacques. *La Seconde Chance d'Icare. Pour une éthique de l'espace.* Paris : Cerf, 2001 et *Icarus' Second Chance. The Basis and Perspectives of Space Ethics.* Wien/ New York : Springer, 2011.

15. Il existe tout de même de notables exceptions : Hargrove, Eugene C. *Beyond Spaceship Earth. Environmental Ethics and the Solar System.* San Francisco, Sierra Club Books, 1986 ; Milligan, Tony. *Nobody Owns the Moon. The Ethics of Space Exploration.* Jefferson : McFarland, 2014 ; Schwartz, James and Milligan, Tony (editors). *The Ethics of Space Exploration.* New York: Springer, 2016.

16. *Review of U.S. Human Space Flight Plans Committee; Augustine; Austin; Chyba; Kennel; Bejmuk; Crawley; Lyles; Chiao; Greason; Ride. "Seeking A Human Spaceflight Program Worthy of A Great Nation",* http://www.nasa.gov/pdf/396093main_HSF_Cmte_FinalReport.pdf, p. 33.

17. Cf. Stares, Paul B. *Space Weapons and US Strategy. Origins and Development*: London/Sydney: Croom Helm, 1985.

18. Cf. Klass, Philip J. *Secret Sentries in Space.* New York: Random House, 1971, p. 220.

19. Résolution du 10 décembre 1982 sur la télédiffusion directe, résolution du 4 décembre 1986 sur la télédétection, résolution du 14 décembre 1992 relative à l'usage de sources nucléaires dans l'espace extra-atmosphérique, résolution du 28 octobre 1992 sur la coopération en faveur des pays en développement. Cf. *Text and status of treaties and principles governing the activities of States in the exploration and use of outer space, adopted by the United Nations General Assembly A commemorative edition, published on the occasion of the*

Third United Nations Conference on the Exploration and Peaceful Uses of Outer Space (UNISPACE III). UN : Vienna, 1999.

20. Cf. Arnould, Jacques. *Oublier la Terre ? La conquête spatiale 2.0.* Paris, Éditions Le Pommier, 2018.

21. Cf. https://www.universiteitleiden.nl/en/law/institute-of-public-law/institute-for-air-space-law/the-hague-space-resources-governance-working-group.

22. Cf. Sauvy, Alfred. Préface à *L'État de la planète*. Paris : Éditions Economica, 1990.

23. Cf. White, Frank. *The Overview Effect. Space Exploration and Human Evolution*. Reston (VA): American Institute of Aeronautics and Astronautics, 1998 (1987).

24. Cf. Sicard, Monique. *La fabrique du regard. Images de science et appareils de vision (XVᵉ-XXᵉ siècle)*. Paris : Odile Jacob, 1998, p. 182.

25. Nicollier, Claude. « Une majestueuse beauté », in *Les Conquêtes de l'espace. Raisons et passions d'un défi. Monde diplomatique - Savoirs n° 3*. 1994, p. 22.

26. de Saint-Exupéry, Antoine. *Courrier Sud*. Paris : Gallimard, 1929, p. 29.

27. Hoffman, Jeffrey A. « A personal account of spaceflight », in Schneider, Jean and Léger-Orine, Monique (ed.). *Frontières et conquête spatiale. La philosophie à l'épreuve*. Dordrecht/Boston/London : Kluwer Academic Publishers, 1988, p. 203.

28. Cf. Sagan, Carl. *Pale Blue Dot: A Vision of the Human Future in Space*. New York: Random House, 1994.

29. Cockell, Charles. « Les grilles du zoo extraterrestre ». *La Recherche*, mars 2001, p. 33 et 34.

30. La classification de Hynek est une méthode de classification des observations d'ovni. Elle a été proposée en 1972 par l'astronome américain J. Allen Hynek, dans son livre *The UFO Experience: A Scientific Study*. C'est cette classification qui est à l'origine du titre du film *Rencontres du troisième type*, réalisé par Steven Spielberg en 1977, qui met en scène des rencontres rapprochées allant crescendo de 1 à 5.

31. Beck, Ulrich. *La société du risque. Sur la voie d'une nouvelle modernité*. Paris : Flammarion, 2008 (1986), p. 399.

32. Les quatre axes du LTSSA working group étaient : A – Sustainable space utilization supporting sustainable development on Earth; B – Space debris, space operations, and tools to support space situational awareness sharing; C – Space weather; D – Regulatory regimes and guidance for new actors in the space arena.
33. Orwell, George. *1984*. Paris: Gallimard, 2002 (1950), p. 417.
34. Sloterdijk, Peter. *Le palais de cristal. À l'intérieur du capitalisme planétaire*. Paris : Maren Sell Éditeurs, 2006, p. 177.
35. J'invite le lecteur à lire la nouvelle de Friedrich Dürrenmatt : *The Assignment. Or, on the Observing of the Observer of the Observers* (1986) qui décrit cette situation paradoxale de l'observateur observé, mais aussi le désir, le besoin d'être observé.
36. Vadrot, Claude-Marie. *La grande surveillance. Caméras, ADN, portables, Internet . . .* Paris : Seuil, 2007, p. 7–8.
37. Luhan, Marshall. *The Gutenberg Galaxy. The Making of Typgraphic Man*. Toronto : University of Toronto Press, 1962, p. 36.
38. Abélès, Marc. *Anthropologies de la globalisation*. Paris : Éditions Payot & Rivages, 2008, p. 8.
39. Sloterdijk, Peter. *Op. cit.*, p. 26.
40. *Ibidem*, p. 23.
41. Cf. Julliard, Jacques. « Nous ne pourrons pas dire que nous ne savions pas ». *Esprit*, janvier 1993, p. 138–139.
42. Sloterdijk, Peter. *Op. cit.*, p. 211.
43. Cf. le site Internet dédié à la charte : www.diasatercharter. org.
44. Cf. Pop, Virgiliu. *Who Owns the Moon? Extraterrestrial Aspects of Land and Mineral Resources Ownership*. New York : Springer, 2009.
45. Cf. https://books.google.fr/books?id=PZveCwAAQBAJ&pg=PA180&lpg=PA180&dq=november+1969+moon+flag&source=bl&ots=jJND1m-0oQ&sig=ACfU3U1g3mhaw0v_ITN-gnjXVSuiwPBanQ&hl=fr&sa=X&ved=2ahUKEwjs-N6bg7HiAhVa8uAKHSXVAD4Q6AEwEnoECAkQAQ#v=onepage&q=november%201969%20moon%20flag&f=false.

46. Cf. « Personal observations on the reliability of the Shuttle » dans un ajout au rapport de la Commission d'enquête sur l'accident de Challenger (http://science.ksc.nasa.gov/shuttle/missions/51–1/docs/rogers-commission/Appendix-F.txt).
47. Cf. http://gawker.com/5369364/william-safires-finest-speech.
48. Cf. Arendt, Hannah. *Condition de l'homme moderne*. Paris : Calmann-Lévy, 1983, p. 33–34.
49. Cf. Dator, James A. *Social Foundations of Human Space Exploration*. New York: Springer-ISU, 2012, p. 27.
50. Cf. https://er.jsc.nasa.gov/seh/ricetalk.htm.
51. Cf. Fayol-Noireterre, Jean-Marie. « L'intime conviction, fondement de l'acte de juger ». *Informations sociales* 7/2005 (n° 127), p. 46–47.

Table des matières

CPSIA information can be obtained
at www.ICGtesting.com
Printed in the USA
BVHW030549210721
611889BV00002B/104